同济大学学术专著（自然科学类）出版基金项目

绿色生态村镇

环境指标体系及评估标准

EVALUATION INDEX SYSTEM AND EVALUATION CRITERIA OF GREEN ECOTYPE VILLAGES

苏 醒 著

同济大学出版社
TONGJI UNIVERSITY PRESS

图书在版编目（CIP）数据

　　绿色生态村镇环境指标体系及评估标准 / 苏醒著 . — 　上海：同济大学出版社，2017.12

ISBN 978-7-5608-7322-0

Ⅰ.①绿⋯　　Ⅱ.①苏　　Ⅲ.①乡镇环境 – 环境生态评价Ⅳ.①X21

中国版本图书馆 CIP 数据核字 (2017) 第 197908 号

绿色生态村镇环境指标体系及评估标准

苏　醒　著

出 品 人：华春荣
责任编辑：吕　炜
责任校对：徐春莲
装帧设计：完　颖
装帧制作：嵇海丰

出版发行：同济大学出版社 www.tongjipress.com.cn
　　　　　　（上海市四平路 1239 号　邮编：200092　电话：021-65985622）
经　　销：全国各地新华书店、建筑书店、网络书店
印　　刷：大丰市科星印刷有限责任公司
开　　本：787mm×1 092 mm　1/16
印　　张：13.5
字　　数：337 000
版　　次：2017 年 12 月第 1 版　2017 年 12 月第 1 次印刷
书　　号：ISBN 978-7-5608-7322-0
定　　价：68.00 元

前　言

2015 年全国 1% 人口抽样调查结果显示，我国乡村常住人口为 61 866 万人，城镇常住人口 74 916 万人，我国农村人口比重依然很大。即便中国现代化、城镇化建设正在快速发展，并取得一定成就，但是仍然有一大部分的村镇落后。在社会主义的发展进程中，没有村镇的稳定和全面进步，就不可能有整个社会的稳定和全面进步；没有村镇居民的小康，就不可能有全国人民的小康。只有所有村镇居民加入现代化进程，才能盘活国民经济全局，实现可持续发展；只有广大村镇的落后面貌明显改变，才能实现更大范围、更高水平的小康。为此，中央在十六届五中全会上作出了建设社会主义新农村的重大战略部署，确立按照"生产发展、生活富裕、乡风文明、村容整洁、管理民主"的要求推进社会主义新村镇建设。

城市的发展极大地推动了经济发展、社会发展和文化繁荣，但是在中国的 600 余座城市的发展中，逐渐显现出了一些城市化的弊端，生态环境的破坏成为民生越来越关注的问题，改善生态环境是一场不可避免的艰难的战争。近年来，农村经济也在飞速发展，农村城镇化是城市发展的必然选择，它不可抗拒，也不能阻止。为了避免村镇的建设重蹈城市建设的覆辙，必须通过科学的村镇建设管理，引导调控村镇建设，保证村镇的健康发展。

基于以上，国家大力发展生态村镇、绿色低碳小镇、国家级、省级生态村等，致力于建设可持续发展的绿色生态村镇。绿色生态村镇在规划时、建设中，以及建成后的所有阶段中，必须兼顾村镇的环境状况。本书以环境为侧重点，立足于绿色生态村镇，为保护村镇自然资源和环境基础、改善村镇人居环境、引导村镇合理布局等，构建绿色生态村镇环境指标体系。该指标体系用于评估与调控绿色生态村镇建设各阶段的环境状况，进而引导、监督绿色生态村镇的建设。

在指标体系的构建研究方面，笔者与课题组主要做了以下工作：

(1) 调研美国、日本、荷兰、英国等具有不同特点的绿色生态村镇环境建设、规划设施、理论体系和指标体系，调研国内绿色生态村镇、美丽乡村等环境建设规划；从国际层面、国家层面、省市层面、村镇层面等，全面总结已有绿色生态村镇环境建设理论体系、评价指标体系，为绿色生态村镇环境指标体系提供基础架构。

（2）研究分析村镇环境建设、绿色生态、可持续发展等有关标准规范、文献、科技报告、政府工作文件等基础资料，采用频度分析法，初步筛选绿色村镇生态环境建设评价指标因子，完成指标因子初步筛选。

（3）赴上海市科委崇明生态岛科技促进中心调研，与相关专家和项目管理人员交流讨论崇明生态岛村镇环境规划建设实施中科技项目和示范工程设置情况，为相关指标的进一步筛选提供依据。

（4）除了参考相关指标体系中的基础值、阈值以外，赴国家级生态示范县——福建省屏南县进行实地考察。与屏南县环保局、农业局、水利局、林业局、各乡镇、企业代表进行座谈会议，探讨屏南县在生态示范建设中的规划实施方案、关键技术、政策机制等内容，深入熙岭村进行环境状况和能源利用系统考察。结合指标体系设置问卷，从政府角度、农民角度获取指标本底值，为绿色生态村镇指标目标基础值的提供确定依据。

（5）赴国家现代化生态岛区——上海市崇明岛陈家镇、东滩湿地、西滩湿地等生态区域进行实地考察。深入了解陈家镇污水处理厂处理能力及对环保贡献率，为绿色生态村镇环境建设中生活污水处理设施提供参考措施。深入了解东滩湿地、西滩湿地等相关环境指标本底值，为绿色生态村镇指标目标基础值提供确定依据。

（6）根据"压力－状态－响应"的基本模式，在借鉴国内外众多指标体系框架基础上，基于前述指标选取及参数的确定，最终构建"Ⅳ 14"绿色生态环境指标体系。形成具有系统层、目标层和准则层的三层构架，共 45 个基础指标。

（7）绿色生态村镇的量化评价需要确定系统层、目标层和准则层三层构架下每个指标的重要程度，旨在通过科学合理的方法去处理这一多指标、难定量的复杂评价问题，最终确定出每一指标所占权重，进而为具体村镇的环境水平定量评价提供方法。通过层次分析法、专家打分法等科学方法，得出研究所需的构建绿色生态村镇环境指标体系的各指标权重系数，使指标体系更加完善。

（8）对全国不同气候区域的村镇地区进行居民生活能源利用调研。以同济大学建筑环境与能源应用工程专业在校农村大学生所在家乡作为抽样的样本，具有较好的代表性，能够较好地反映总体。问卷调查的实施采取集体送发式，对调研员即本专业大学生进行集体培训，讲解问卷调研目的及问卷填写方法。此问卷调查选取辽宁、新疆、上海、山东、广西五个气候区的村镇有效问卷共 180 份进行分析。通过分析结果，深入了解不同区域村镇用能现状，并初步探索村镇能源利用对环境的影响，为村镇能源利用系统环境影响模型研究提供依据。

（9）根据国家村镇发展总体规划，确定具有不同资源禀赋、环境承载力的村镇分类，分析绿色生态村镇发展的资源环境约束与安全阈值，引导绿色生态村镇的环境建设与产业合理发展。结合村镇类型，研究指标体系权重取值关键技术，确定适用于中国多种类型村镇建设的指标体系评估标准。

（10）借鉴生命周期评价（Life Cycle Assessment）中的影响评价方法（Impact Assessment），以两种典型影响评价方法（中间点法和终结点法）为基础，整理村镇能源系统的调研结果，分析常见的村镇能源利用系统，确定适用的影响类型、特征化模型及合理的权重赋值。严谨按照影响类型、特征化模型、权重赋值三方面，从资源消耗、生态健康、人体健康的角度构建了村镇能源利用系统评价模型。筛选相关的指标因子，综合整理出评价村镇能源利用系统的环境影响评价体系，为村镇能源系统的设计及构建提供指导依据，对促进村镇节能减排有重要的实践指导意义。

（11）在分析归纳村镇废弃物资源化处理技术的基础上，借鉴生命周期评价中的影响评价方法，建立村镇废弃物资源化技术环境影响评价模型，并以此筛选相关的指标因子，最后综合整理出评价体系，从而为改善村镇生态环境与政策选择提供决策参考。赴国家级生态村——江苏省徐州市马庄进行实地考察，调研秸秆气化实施工艺流程，深入了解秸秆气化技术，为废弃物资源化利用率指标提供合理的目标基础值。

（12）以实际村镇即江苏省马庄村废弃物资源化技术为研究对象，通过对比案例，分析其对村镇环境的影响，同时也用于验证模型的合理性。研究的村镇废弃物资源化环境评价模型是在分析归纳村镇废弃物资源化处理技术的基础上，借鉴生命周期评价中的影响评价方法，建立村镇废弃物资源化技术环境影响评价模型，为改善村镇生态环境与政策选择提供决策参考。

本书是由笔者带领同济大学等高校的一批教师、博士生、硕士生和本科生组成的课题组所研究的成果提炼。该项研究同哈尔滨工业大学、华中科技大学、青岛天人环境股份有限公司等合作，对福建省、崇明岛、江苏省等多个生态村镇进行实地调研，并借鉴国内外有关绿色生态环境指标体系的研究结果，尝试构建绿色生态村镇环境指标体系。

本书撰写过程中，得到了曹昌盛老师、高军教授以及侯玉梅、陈浩、杜博文、李玉航、汤晟怡等同学的帮助，在此一并感谢！

考虑目前绿色生态村镇建设的必要性与紧迫性，我们把这几年在调查和实践任务中得到的认识和方法，与案例融合，编写成了本书。从理论到方法，力求使不同层次的读者都能看明白并从中得到启示，也为政府科学决策和村镇发展服务。相信本书对于全国不同城市的政府、科学研究部门和关心绿色生态村镇环境建设的人们都有一定的用处。尽管本书已做了反复修改，但错误或不当之处仍难免，诚恳希望读者提出批评与改进建议。

本书研究工作受到国家"十二五"科技支撑计划课题"绿色生态村镇环境指标体系与规划实施技术研究及示范（2014BAL04B03）"资助，在此表示感谢！

2017 年 6 月于上海

目 录

第1章　绿色生态村镇建设

1.1　绿色生态村镇的概念及建设的必要性

1.1.1　绿色生态村镇概念

20世纪60年代以来，由于能源危机和环境破坏，出现了越来越多的自然灾害，在西方国家，人们的环境保护意识越来越强烈。之后在20世纪80年代，这股绿色浪潮席卷全球，从西方发达国家扩展到发展中国家和地区，绿色环保越来越受到人们的重视。绿色这一概念也越来越广泛地传播到社会的各个领域，各种带有绿色的新名词纷纷出现，如绿色食品、绿色产业、绿色经济、绿色生活、绿色城市、绿色建筑、绿色文化、绿色管理、绿色体育、绿色奥运，等等。绿色，不仅仅指一种颜色，它代表生命、健康和活力，代表人与自然和谐相处的理念，代表着保护环境、节约资源以及可持续发展的理念。

我国目前普遍接受和采用的"绿色建筑"的概念来自于《绿色建筑标准》。绿色建筑是指在建筑的决策、设计、施工、运营维护乃至拆除这五阶段内，最大限度地节约资源（节能、节地、节水、节材），注重能源的利用效率，提高可再生能源的利用率，保护环境和减少污染，为人们提高健康、舒适、高效的使用空间，并且不影响周围环境和生态，与周围和谐共生的建筑。绿色建筑是可持续发展、绿色和节能等概念在建筑上的具体体现和应用。村镇建设不仅包括村镇范围内由构筑物、建筑物等组成的基础设施、住宅、公共建筑等建设，还包括许多其他方面的建设，如村镇经济、村镇文化、村镇政务管理、村镇组织机构等许多个方面。因此，绿色生态村镇的定义比绿色建筑更加广泛。随着城乡一体化建设发展，村镇建设也可以参考城市建设理论。

绿色生态村镇环境是指经济发展、社会进步和生态环境协调发展，以资源高效利用，人与自然和谐相处，技术和自然达到充分融合为目标，在实现"四节一环保"（节能、节地、节水、节材和环境保护）的同时，最大限度发挥村镇的生产力和创造力，适宜居民健康、舒适、安全生活的村镇。

与绿色生态村镇相关联的概念包括可持续发展、绿色生态城区、绿色低碳小城镇、美丽乡村、节约型社会等概念（表1.1），这些概念都是在全球环境污染、资源紧缺，存在矛盾和困境的背景下提出的，绿色生态村镇与这些内容紧密相关联，在概念和理论上具有传承性。可以说绿色生态村镇是为解决全球日益严重的气候、能源、环境所引发的矛盾，在规划思想理念上的推进，是一

表 1.1　绿色生态村镇相关概念辨析

相关概念	与绿色生态村镇的关系
可持续发展	可持续发展是人类发展的最终发展方向,绿色生态村镇发展是实现可持续发展的阶段性目标,也是实现可持续发展的重要措施
绿色生态城区	理念一致,但对象不同,生态城区的对象是城区,绿色生态村镇的对象则是村镇。绿色生态村镇不能脱离农村的实现条件,要符合农村的资源、环境、人居等条件与其他方面的配套
绿色低碳小城镇	理念一致,对象不同,绿色低碳小城镇的对象是城镇,绿色生态村镇的对象则是村镇
美丽乡村	建设目标和侧重点不同,建设天蓝、地绿、水净,安居、乐业、增收的"美丽乡村"以促进农业生产发展、人居环境改善、生态文化传承、文明新风培育为目标,是实现"美丽中国"的保证和基础
节约型社会	以更少的资源利用和环境污染,获得更大经济和社会效益,是绿色生态经济发展的一个环节

种实现手段与目标的细化。绿色生态村镇的提出对村镇规划来说,更多的是一次规划思想上变革的延续,而非根本观念的新突破。另外,由于"绿色生态"与可持续发展、低碳等概念提出的根本初衷是一致的,因此诸如宜居村镇、绿色农房等相关探索研究对绿色生态村镇的实现同样有着借鉴与指导意义。

1.1.2　绿色生态村镇建设必要性

2004—2015 年中央连续发布以"三农"问题为主题的"一号文件",一致强调"生产发展、生活宽裕、乡风文明、村容整洁、管理民主"的社会主义新农村建设总目标。按照《国民经济和社会发展第十二个五年规划纲要》的部署,在"十二五"期间,要继续积极稳妥推进城镇化发展,积极推动村镇建设领域科技进步,为有效解决村镇建设中的问题与挑战提供强有力的科技支撑。

随着我国农村经济的发展,环境日趋恶化:生活垃圾随意丢弃;畜禽粪便污染加剧;农药、农膜等大量使用,影响土壤生态平衡,导致粮食减产;水塘沟渠水体富营养化;秸秆焚烧未得到有效的资源化利用;水土流失未得到有效控制;乡镇企业增加,粉尘和固体废弃物排放量加大等。环境问题已成为我国 21 世纪农村发展的重要制约因素。为此,必须正视约束村镇环境发展的若干关键科技问题,以科技引领可持续发展的道路,以绿色生态为目标,从根本上解决村镇环境问题,建立切实的绿色生态村镇。

1.2　绿色生态村镇的建设对象

村为我国第四级行政区划名称,隶属于区、县辖市、镇或乡,是地方行政体系中最小的自治单位。村按规模分为基层村和中心村。基层村是指直接参与农业生产、生活的社会组成部分，是构成社会体系的最底层，自然村和行政村都属于基层村的范畴。而中心村是由若干行政村和自然村（也就是基层村）组成的，具有一定量的人口和比较齐全的公共与基础设施的农村社区，它的规模与地位介于乡镇和行政村之间，是我们进行村镇建设的主要对象。

镇是我国第三级行政区划名称，它的规模与行政区划介于市、县（县级行政区）与村（或村级区划）之间，乡与其一样是相同的行政区划，现在镇为乡级区划的主要类型。由于乡镇、村镇、市镇、集镇等多种名称混乱，为了进行区分，我们一般把单独的镇叫做"建制镇"。镇按规模大小分为：一般镇和中心镇。中心镇是指具有区位优势，经济发展较强，作为几个镇中的领头羊，且镇的基础与公共服务等配套设施齐全完善，整体在地方具有示范作用，对周边地区有辐射和吸引力的重点镇。

本书所研究的村镇是指第三级行政区和第四级行政区，包括基层村、中心村、一般镇和中心镇四个层次；研究范围涉及自然和人居两个基础层面的绿色生态环境问题，包括村镇用地选址与功能分区、社区与农房建设、水资源利用与污水处理、废弃物处理与资源化、清洁能源利用与节能、生态景观与环境修复、空气质量与健康、低碳运行与管理等多个层面规划实施对环境的影响。

我国村镇规划按人口规模分级如表 1.2 所列。

表 1.2　村镇规划按人口规模分级

人口规模	村　庄		集　镇	
	基层村	中心村	一般镇	中心镇
大型	>300	>1 000	>3 000	>10 000
中型	100~300	300~1 000	1 000~3 000	3 000~10 000
小型	<100	<300	<1 000	<3 000

1.3　绿色生态村镇建设现状

发达国家对村镇建设的研究较早。经过几个世纪的村镇建设和理论研究，其村镇建设理论体系已经很完善了。相对于国外来说，我国村镇建设不论是理论还是实践都落后许多。

1.3.1　国外绿色生态村镇

（1）国外对村镇建设的研究比较早，可以追溯至 18 世纪，农村建设与发展问题一直是学者关注的重点问题，出现了许多理论和建设方式，主要有：田园城市理论、卫星城理论、示范工程、一村一品、区域理论、新城镇运动理论，等等，都从不同角度和方向阐述了村镇整体发展的方向。

Liu Wenxia（2010）强调要以绿色的理念进行撤乡并镇，在撤乡并镇中，行政村减少、大量土地闲置、饮用水供给、污水垃圾处理等问题更加突出，因此要注重绿色理念。Liu Wenxia 指出村镇建设中要注重绿色理念的推广，建立合理的制度和绿色技术支持系统，并认为绿色理念下建立的村镇可以给居民提供更好的生活条件和环境质量。

Dinesh C Sharma（2010）指出，通过发展绿色能源来改变村镇的生活应主要通过政府政策的引导和民间团体的推广，结合当地实际情况，推进绿色能源的技术，发展绿色能源，缓解农村用电紧张和能源浪费。

Colin Trier 和 Olya Maiboroda（2009）提出，在农村进行绿色生态村镇建设，使居民改变生活方式和支持村镇建设会是一个巨大的挑战，村民的合作和积极参与能使绿色生态村镇建设产生滚雪球的效果，提高建设速度。

Jan Hinderink 和 Milan Titus（2010）主要研究小城镇与区域发展的关系，他们提出，村镇发展水平与政治经济条件有很大关系，探求村镇的发展及其合理的范围。Han Fei（2011）提出了不同的区域经济类型和与之对应小城镇发展策略。George Owus（2008）提出小城镇建设可以带动区域经济发展，小城镇建设的核心是充分的资金和中央政府的支持。H.G. Hubert（2009）在研究农村可持续发展问题时指出，农村水资源利用效率低下，严重影响了农民的收入，要建立完善的雨水和灌溉系统，使水资源得到可持续利用。

（2）国外村镇的建设实践对我国村镇建设也有很多启示。西方发达国家工业化和城市化较早，为了避免农村人口的大量流入，解决城市拥堵问题，开始重视农村建设，其村镇建设时间较早，村镇建设理论及实践都比较成熟。在亚洲以日本和韩国为代表的村镇建设也取得了很好的效果。本书将选取德、英、日、韩四个国家的村镇建设为例。

● 德国

在德国，随着城市的发展，基础设施和公共服务的完善，越来越多的农村人口涌入城市，为了解决农村人口过疏的问题，德国政府成立村镇改造计划，目的是创造更好的生活和生产环境使农民愿意留在村镇。在这一过程中德国非常注重环境和景观的保护，时刻注意避免先污染后治理的情况发生，绝不允许为了经济而破坏环境的行为，因而德国的森林覆盖率得以高达 35%。而且，德国在环境保护方面制定了许多明确的规定和硬性指标，任何项目都要遵守。同时德国非常注重农村污水和垃圾的处理，每个村镇都应用污水处理装置或技术，而且在镇政府所在地还有污水处理厂。综上所述，可见德国对于环境保护的重视程度。

德国村庄更新实践主要有德国西部乡村"我们的乡村应该更美丽"发展规划和巴伐利亚"村镇整体发展规划"。德国西部乡村"我们的乡村应该更美丽"发展规划的主要目的是通过更新传统住房而使乡村对房屋的未来新主人更有吸引力，规划目标包括提高农产品质量和种类、开发农业房地产和开展农业服务或乡村旅游；巴伐利亚"村镇整体发展规划"用于控制村镇的更新，主要措施包括：调整地块分布，改善基础设施，调整产业结构，保护传统文明，整修传统民居，保护和维修古旧村落等。

● 英国

英国作为世界上最早进入工业化的国家，由于其工业快速发展、城市化程度不断提升，产生了许多环境问题。工业生产与城市生活产生巨量的垃圾、污水没有经过处理就排放到环境中去，城市扩张造成的农村土地减少等，使得英国政府不得不采取措施来遏制环境的破坏和乡村土地的减少，开始了绿色生态村镇的建设。英国首先把绿色生态村镇的重点放在了村镇环境保护、景观绿化和农业用地的使用上，并且颁布了《国家公园和乡村土地使用法案》。此外，生产和生活产生的大量垃圾也困扰着英国政府，因而英国村镇建设中特别注意垃圾处理问题，在村镇和城市周边修建垃圾厂，并且用垃圾产生的清洁能源来供能和发电，使得垃圾得到很好的处理，变废为宝，保护了环境的同时也节约了能源。

英国"乡村发展和保护政策"主要包括以下内容：改善乡村住宅和对乡村地区居民提供的社会服务，以便阻止乡村人口的流失；鼓励城市人口以理智的方式把乡村用于休闲目的；合理确定工业用地布局，一定程度上限制工业在乡村地区的发展；乡村住宅和其他建筑的开发应当严格执行规划程序；对乡村土地的任何开发建设必须首先在满足农业发展需求和维护农业的前提下进行；建立"国家公园"，整体保护一些具有特殊自然和人文景观的乡村地区。

按照《斯库特报告》的意见，战后英国政府一直在乡村地区推行中心居民点政策。这项政策把所有的中心农村居民点划分为两类：可以扩张的和不可以扩张的。政府集中投资建设可以扩张的中心居民点，鼓励人口的迁入，而让那些不可扩张的小乡村居民点逐步消亡或拆除。

● 日本

日本是一个资源匮乏的国家，很早它就意识到节能环保的重要性。其在村镇建设中也特别重视这一方面，政府要求村镇建设要有详细的规划，通过规划可以合理地利用村镇的土地资源，避免浪费，其中特别重视基础设施和服务设施的建设，在很早的时候就将其纳入了村镇建设的重点内容。在水资源方面，从原来的修建农业水渠、蓄水池等节水灌溉装置，到近年来采取各种保护生态环境的建设方式（如恢复当地生物栖息地），既保护了环境，又具备更好的水利功能。

日本属于岛国，山地、丘陵占国土面积的 71%，而耕地面积仅占 13.6%。1975 年之前的 20 年属于日本城市经济高速增长时期。但是，农村青壮年人口大量外流到城市，农业生产和乡村发展的人力资源条件不断恶化，农村面临瓦解的危机。为缩小城乡差距，保持地方经济活力，至今日本已经实行了多轮新村建设计划。1955—1965 年是基本的乡村物质环境改造阶段，主要目标是改善农业的生产环境，提高农民的生产积极性。1966—1975 年是传统农业的现代化改造和提升发展阶段，主要工作是调整农业的生产结构和产品结构，满足城市对农产品的大量需求。20 世纪 70 年代末，日本推行"造村运动"，强调对乡村资源的综合化、多目标和高效益开发，以创造乡村的独特魅力和地方优势。与前两次过于注重农业结构调整不同，"造村运动"的着力点在于培植乡村的产业特色、人文魅力和内生动力，对后工业时期日本乡村的振兴发展产生了深远影响，也彻底改变了日本乡村的产业结构、市场竞争力和地方吸引力。最具代表性的是大分县知事平松守彦于 1979 年提出的"一村一品"运动，这是一种面向都市高品质、休闲化和多样性需求、自下而上的乡村资源综合开发实践。经过了 30 多年的锤炼，日本人慢慢发展出一套乡村建设逻辑，认为地方的活化必须从盘点自己的资源做起；只要针对一两项特色资源好好运用、发展，就可以让地方免于持续萧条，让乡村焕发活力。

● 韩国

韩国的村镇建设始于 20 世纪六七十年代的"新村运动"。这场运动让韩国农村有了翻天覆地的变化。该运动总共分为四个阶段：基础设施和环境改善阶段、居住条件和生活质量提高阶段、缩小城乡差距阶段和大力发展农村经济和文化阶段。从韩国的新村运动发展过程可以发现，其村镇建设是在优先发展基础设施、居住环境和自然环境的前提下进行的。在这过程中政府和居民都积极地参与建设，因此村镇建设发展很快。

1.3.2　国内绿色生态村镇

（1）我国村镇发展理论的快速发展时期始于新中国成立。改革开放以后，关于农村发展和建设的评价理论取得了不少成果。国内研究村镇建设主要集中在土地利用和集约、建筑节能技术、能源选择与新能源、村镇的规划、村镇公共服务设施、技术适宜度等领域。杨俊（2011）分别对村镇的绿色性和耐久性进行了经济分析，把建筑的节能、节水、节地、节材折算成现值并分析绿色建筑经济性问题。

崔明珠（2012）进行了东北村镇太阳能采暖效果和集热器面积关系的研究，给出了针对不同采暖要求和节能与非节能建筑这两个指标的采暖热负荷与集热器面积的公式和数值。林亦婷（2012）针对寒地村镇屋顶的形式、材料、构造方法等做了细致的分析，提出了适宜性问题。肖忠钰（2008）和王建庭（2008）分别进行了北方寒冷地区村镇住宅节能技术适宜度评价研究和北方寒冷地区村镇住宅建筑节能适宜技术研究。黄晓军和杨丽（2006）针对村镇规划提出了合理化建议。

姜轶超（2013）指出，东北地区绿色小镇有城乡发展不统一、绿色"底子差"、科学技术水平低等问题，并针对问题给出统筹城乡发展、充分利用"大农业优势"和增加资金、技术投入等解决对策。

(2) 十八大报告中明确提出推进城乡发展一体化是解决"三农"问题的根本途径,并首次提出"美丽中国"的概念。农业部启动"美丽乡村"创建活动,以促进农业生产发展、人居环境改善、生态文化传承、文明新风培育为目标,在全国不同类型地区试点建设天蓝、地绿、水净,安居、乐业、增收的"美丽乡村"。"美丽乡村"建设是政府统筹城乡发展的又一伟大举措,是实现"美丽中国"的保证和基础。

中央城镇化工作会议指出,城镇化是解决我国三农问题的重要途径,并认为正确的城镇化目标有利于破解城乡二元结构。会议提出城镇化的重点是在小城镇和农村,反映出中央对城镇化聚焦点重心下移的战略判断。未来小城镇(包括村镇)将成为主要的建设增量部分。

2008 年,浙江省安吉县正式提出"中国美丽乡村"计划,出台《建设"中国美丽乡村"行动纲要》,提出用 10 年左右时间把安吉县打造成为中国最美丽乡村。"十二五"期间,受安吉县"中国美丽乡村"建设的成功影响,浙江省制定了《浙江省美丽乡村建设行动计划(2011—2015)》,广东省增城、花都、从化等市县从 2011 年开始也启动美丽乡村建设,2012 年海南省也明确提出将以推进"美丽乡村"工程为抓手,加快推进全省农村危房改造建设和新农村建设的步伐。"美丽乡村"建设已成为中国社会主义新农村建设的代名词,全国各地正在掀起"美丽乡村"建设的新热潮。

1.4 绿色生态村镇建设试验地介绍

崇明岛占上海市近 1/5 的市域面积,且具有良好的生态环境、丰富的土地空间、多样化的自然生物资源等优势,是上海可持续发展的重要战略空间。上海市市委、市政府从全局高度做出重大战略决策,要把崇明岛建设成为世界级的生态岛。

2010 年 1 月,上海市市政府正式发布《崇明生态岛建设纲要(2010—2020 年)》(以下称《纲要》),以此作为生态岛建设引领方向、规范行为、调控进程的纲领性文件。《纲要》按照现代化生态岛的战略目标要求,建立了科学的评价指标体系,在资源、环境、产业、基础设施、公共服务等重点领域,合理规范了生态岛的建设行为,有效把握生态岛的建设进程,进而实现崇明经济和社会的全面、协调、可持续发展。

围绕《纲要》提出的 2012 年阶段性目标和行动领域,崇明县又制定了《崇明生态岛建设三年行动计划(2010—2012)》,以明确行动举措,确保有计划、有针对性地系统推进生态岛建设。

崇明生态岛项目作为国内高规格、高标准的生态建设项目,其总体规划、评价指标体系经过数次专家讨论和实地调研,确保合理且具有良好的可操作性,可以为我们提供良好的经验借鉴。并且,该项目制订了详细的推进方法与进程,落实到了每项指标及具体要开展的工作,细分为 100 余个项目,并有计划地稳步推进。以此为基础,我们可以从中总结出针对各项指标实用的、可行的推进方法。此外，崇明生态岛项目为了确保规划的实施效果，还制订了完善的支撑保障体系，确保规划能够按计划保质保量完成。

1.5　建立绿色生态村镇环境指标体系的必要性

绿色生态村镇以"四节一环保"和"可持续发展"为建设目标，是我国村镇发展的方向。在绿色生态村镇建设过程中，尚缺少完善的评价指标体系、管理制度以及健全的实施机制。因此，围绕村镇绿色生态建设的核心目标，制订适宜的指标评价体系是当务之急。

中国可持续发展指标体系种类较多，但还不成熟：有的层次结构不尽合理，有的指标含义模糊，有的覆盖面欠缺，有的代表性不强，有的测算有难度、操作性差。中国还未建立起一个适合不同地区、能够被广泛认可的、有较强操作性的可持续发展指标体系。其主要原因在于理论与实践衔接不够、缺乏操作性、资料来源不齐全、案例研究较少等。

本书立足于绿色生态村镇建设，从环境角度出发，制订绿色生态村镇环境评价指标体系，保证绿色生态村镇建设可衡量、可操作，并随时应用绿色生态村镇环境评价指标体系来分析发展中存在的问题和矛盾，从而引导村镇规划和管理。本书将形成的一系列相关成果，如《绿色生态村镇环境评价软件》以及一系列相关的示范案例，它们能作为改善村镇人居环境、保护村镇自然资源和环境基础、引导村镇合理建设等方面的技术支撑。

第 2 章　国内外指标体系概述

考虑到绿色生态村镇与可持续发展概念之间具备一定的共通性，在绿色生态村镇环境指标体系的构建上，可以充分借鉴国际组织或欧美国家现有的成熟框架模型，再结合我国建设绿色生态村镇环境指标体系的客观国情加以修正和充实。由于指标体系背后所隐含的观念、定义及方法随国情及发展阶段有所差异，绿色生态村镇环境指标体系的构建既要从国外相关指标体系中吸取良好经验，同时也要以符合自身社会、经济及环境特色为目标，而非全盘移植其他国家的指标系统。本章主要参考了 30 个指标体系，并将绿色生态村镇环境指标体系与它们进行对比，分析指标体系之间的共性，以及本指标体系的特性，从而反映绿色生态村镇环境指标体系的科学依据和合理性。

2.1　全球和自然区域尺度的指标体系

2.1.1　联合国可持续发展委员会（UNCSD）的可持续发展指标体系

1992 年 6 月，联合国环境与发展大会通过的《21 世纪议程》中号召"各国在国家一级和各国际组织与非政府组织在国家一级，应探讨制定可持续发展指标的概念，以便建立可持续发展指标"。该议程共 20 章、78 个领域，分为可持续发展战略、社会可持续发展、经济可持续发展、资源的合理利用与环境保护四个部分，提供了一个从当时起至 21 世纪的行动蓝图，它涉及与地球持续发展有关的几乎所有领域。

1995 年 4 月，UNCSD 第三次会议依据《21 世纪议程》，通过了可持续性发展指标的工作计划，并于 1996 年的第四次会议中发表成果，同年 8 月出版了《可持续性发展指标架构与方法》（UNCSD，1996）。经济合作与发展组织（OECD）在讨论指标构架时最先提出"压力－状态－响应"（PSR）的架构。随后，UNCSD 借用该观点，修改为"驱动力－状态－响应"（DSR）的可持续发展指标体系，建立了包含 134 个指标的 DSR 框架，该框架突出了环境受到的压力和环境退化之间的因果关系。其中，驱动力指标用来监测那些影响可持续发展的人类活动、进程和模式，状态指标用来监测可持续发展过程中各系统的状态，响应指标用来监测政策的选择。各子系统包括的指标分别为：

● 社会系统：主要包括有反映消除贫困、人口动态和可持续发展能力、教育培训及公众认识、人类健康、人类住区可持续发展等方面的指标。

- 经济系统：主要包括有反映国际经济合作及有关政策、消费和生产模式、财政金融等方面的指标。

- 环境系统：主要包括有反映淡水资源、海洋资源、陆地资源、防沙治旱、山区状况、农业和农村可持续发展、森林资源、生物多样性、生物技术、大气层保护、固体废物处理、有毒有害物质安排等多方面的指标。

- 制度系统：主要包括有反映科学研究和发展、信息利用、有关环境规划、可持续立法、地方代表等民意调查方面的指标。该指标体系作为核心指标组，用于指导国家层级乃至多组织、多国家间的指标体系构建。但由于该指标体系框架存在着缺陷，加之其指标数目庞大，对于不同社会背景、不同发展阶段的国家而言，如何选择和确定这些指标及其权重必然出现分歧，其实际应用价值不大。

2001 年，UNCSD 在其出版的《可持续发展指标：指导原则和方法》中重新设计了一个由 58 个指标构成的、包括 15 个主题和 38 个子题的最终框架，为国家的可持续发展战略计划的目的和目标提供了一个健全的启动平台。新的指标体系保留了可持续发展的四个方面（社会、经济、环境、制度），且比旧指标体系简化了许多；但是指标划分依旧粗细不一，指标所涉数据不易获取的问题仍然存在，可操作性仍有待提高。该指标体系强调了面向政策的主题，以服务于决策需求，为国家的可持续发展战略计划的目的和目标提供了一个健全的启动平台。然而，这套核心体系的指标并没有达到对所有国家都适用的程度。

此后，联合国分别于 2002 年及 2007 年针对指标系统的适宜性进行检讨，并重新修订发表第二版及第三版可持续发展指标系统。2007 年提出的第三版指标系统共计 98 项，其中包含 50 项核心指标，整个框架涵盖平等、健康、教育、居住、安全、人口、大气、土地、海岸与海洋、淡水、生物多样性、经济发展、消费与生产模式、制度框架、制度效能等 15 大主题。

由于对 DSR 模型的应用，该指标体系显示出较强的逻辑性，充分体现了环境在可持续发展进程中的重要作用，特别突出了环境受到威胁与环境破坏和退化之间的因果关系。然而该指标体系亦存在不少缺陷：①环境指标所占比重过大，在社会、经济、制度指标的构建上无法显示其内在的逻辑性，且指标分解粗细不均，用于衡量和评价区域可持续发展带有片面性；②有些指标的归属存在很大的模糊性，是属于驱动力指标、状态指标还是响应指标，界定不是很明晰和合理；③指标体系过于庞大，缺乏有效的计算手段和方法。

2.1.2　经济合作与发展组织（OECD）的指标体系

从 1989 年开始，OECD 实施了"OECD 环境指标工作计划"，该计划的目标是：①跟踪环境进程；②保证在各部门（运输、能源、农业等）的政策形成与实施中考虑环境问题；③主要通过环境核算等措施来保证在经济政策中综合考虑环境问题。1991 年 OECD 提出了其初步环境指标体系（世界上第一套环境指标体系），粗略地将各种污染排放以及资源消耗等实际情况加以统计陈述，从而作为当时环境系统表现的评估工具。1994 年引进"压力（Pressure）－状态（State）－响应（Response）"模型（简称 PSR 模型），重新架构环境指标系统，并将焦点放在气候变化、臭氧层破坏、环境损坏、毒性物质污染、城市环境品质、生物多样性景观、废弃物、自然资源（水、森林及鱼类资源）、土地恶化等重要环境议题中，并依 PSR 特性提出细项指标作为评估依据。2001 年，OECD 又提出了可持续发展指标的核心分类指标，包括资源指标及其结果指标，资源指标又涵盖了环境资产（environmental assets）、经济资产（economic assets）及人力资本（human capital）三大主题。这一核心分类指标对于比较国家间的状况及引导可持续发展各项表现及政策的先驱研究而言，尤其有用。

OECD 提出的可持续发展指标体系将环境问题作为可持续矩阵的"行"，驱动力、状态和响应指标则作为"列"，针对每一个问题构建了"时间序列"，确定了哪些指标是近期指标，哪些是中期指标，哪些是远期（理想）指标，并对特定的生态系统或环境要素所确定的可持续性指标定义了统一的模型，即 PSR 模型。OECD 可持续发展指标体系包括 3 类指标体系：

- 核心环境指标集合：约 50 个指标，涵盖了 OECD 成员国反映出来的主要环境问题，分为环境压力指标、环境状态指标和社会响应指标 3 类，主要用于跟踪、监测环境变化的趋势。
- 部门指标集合：着眼于专门部门，包括反映部门环境变化趋势、部门与环境相互作用、经济与政策 3 个方面的指标，其框架类似于 PSR 模型。
- 环境核算类集合：与自然资源可持续管理有关的自然资源核算指标，以及环境费用支出指标，如自然资源利用强度、污染减轻的程度与结构等。这些指标的设置把人们的视野引向了环境质量和与人们的生存支出费用相关的方向。

为便于社会了解以及更广泛地参与公众交流，在环境核心指标的基础上，OECD 又遴选出"关键环境指标"，诸如水资源利用强度、CO_2 排放强度等，以使社会公众和政府决策部门充分认识环境问题，旨在提高公众环境意识，引导公众和决策部门聚焦关键环境问题。

"OECD 环境指标工作计划"迄今取得的主要成果是：①成员国一致接受"压力－状态－响应"模型作为指标体系的共同框架；②基于政策的相关性、分析的合理性、指标的可测量性等，遴选和定义环境指标体系；③为各成员国进行指标测量并出版测量结果。

该指标体系的优势在于揭示出了人类活动和环境之间的线性关系，指标的可操作性和实用性更强，它提出的评价对象的"压力－状态－响应"指标与参照标准相对比的模式受到了很多学者的推崇。不足之处在于，这种确定可持续性指标的模式较适合于空间尺度较小的微观领域，但对空间差异较大、因素较多的大尺度综合评价则困难较大。在实际应用中发现，PSR 模型用于环境类指标，可以很好地反映出指标间的因果关系，但也与 UNCSD 的指标体系面临同样的问题，即应用于经济与社会类的指标作用不大。尤其是压力和响应并不是截然可分的，有时候压力和响应是互相转换的。这种模型的应用似乎难于显示其内在的逻辑性，指标体系的分解粗细不均，从整体上来看，指标体系结构失衡，在反映可持续发展的行为本质中有失清晰的脉络。

2.1.3　世界银行衡量可持续发展的新指标体系

世界银行在英国伦敦大学环境经济学家 D.W. 皮尔斯工作的基础上，提出了以国家财富和真实储蓄率（genuine savings）为依据度量各国可持续发展、计算方法和初步的计算结果。1995 年 9 月 17 日世界银行向全世界公布了衡量可持续发展的指标体系，并为此所发布的新闻稿中明确宣称："这一新体制在确定国家发展战略时，不只是用'收入'（income）而是用'财富'（wealth）作为出发点。它对传统的思维提出了挑战，同时也使财富的概念超越了货币和投资的范畴。它有史以来第一次以三维的主体方式，而不是采取过去一贯所使用的有限和单要素的方式，去展现世界各国和地区的真正财富。"世界银行主要认为可持续性就是当代人给予子孙后代的和我们一样多的甚至更多的人均财富值。世界银行的报告中还认为，一个国家的财富除了自然资本、人造资本和人力资源以外，还应该包括社会的资本，也就是说社会赖以正常运转的制度、组织、文化凝聚力和共有信息等。

该指标体系综合了四组要素去判断各国或地区的世纪财富以及可持续能力随时间的动态变化。四组要素是：①自然资本——包括土地、水、森林以及地下资源价值，如石油、煤炭、黄金和矿石等；②生产资产——包括所使用的机器、工厂、基础设施（如供水系统、公路、铁路）等；③人力资源——包括以人为主体（如教育、经营、医疗等）所反映的价值；④社会资本——指以集体形式出现的家庭和社会之类的人员组织和机构生产的价值。世界银行还确定了全球 192 个国家和地区的财富和价值，并为其中 90 个国家和地区建立了 25 年的时间序列。该指标体系首次将无形资本纳入可持续发展度量要素之内，丰富了传统意义上的财富概念。但是该方法并未提出具体的计算社会资本的方法，由于除人造资本以外的其他三种资本的货币化存在不同程度的困难，使得以单一的货币尺度衡量一个国家财富的方法应用受到限制。

在扩展传统资本概念的基础上，1995 年世界银行在其研究报告《监测环境进程》中提出了真实储蓄的概念，即考虑一国在自然资源损耗和环境污染损害之后的真实储蓄，并以此作为衡量国民经济发展状况及潜力的一个新指标。真实储蓄，它代表了一个国家真正有能力对外借出和对生产性资本进行投资的产品的总量。真实储蓄率的政策含义在于，持续负的真实储蓄率最终将导致社会福利的下降，体现了现行政策的不可持续。

与 GDP 相比，该指标体系从理论上能够更加准确地测量国家的真实财富和发展能力。真实储蓄使用货币化方法与加和方法对数据进行处理，可以监测和比较不同国家的可持续发展进程。不过，该方法中使用的一些创造性概念迄今没有得到很好的检验，特别是社会资本的概念，需要进一步细化并研究将其定量化的方法。此外，该指标详细计算的技术要求高，操作较困难。在实践中，对于资源耗损、污染损失还需要更多的科学研究和数据支持。再者，世界银行的可持续发展指标体系忽视了可持续发展的空间差异性以及不同地域的基础条件。

2.1.4 跨国自然区域的可持续发展指标体系

波罗的海 21 世纪议程（Baltic 21）所涵盖的自然地域范围包括丹麦、爱沙尼亚、芬兰、德国、冰岛、拉脱维亚、立陶宛、挪威、波兰、俄罗斯西北部和瑞典。其重点是地区合作和环境保护，但也包括经济和社会可持续发展等方面。因此，波罗的海 21 世纪议程指标体系并没有覆盖可持续发展的所有方面，而是把重点集中在涉及地区经济和环境以及空间规划等重要问题的七个部分：农业、能源、渔业、林业、工业、旅游和交通。

2.2 国家尺度的指标体系

在指标体系构建中，不同的国家关注的重点不同，因此形成了各具特色的国家尺度上的可持续发展指标体系。如德国、芬兰等国把重点放在具体工程上；英国集中在社会方面；瑞典等国却从效率和公平及对后代人发展的资源等方面出发构建本国的指标体系。中国作为一个发展中国家，必须坚持从自己的实际情况出发，构建有中国特色的可持续发展指标体系。

2.2.1 美国的可持续发展指标体系

1988 年，由"可持续发展总统委员会"（The President's Council on Sustainable Development，PCSD）组织的可持续性指标发展小组公布了美国可持续发展指标，包括环境与健康、经济繁荣、平等、保护自然、管理、可持续性社区、公民参与、人口、国际责任和教育，其下又各自对应指标项目共 450 项，包括了目标及其述评、进展评价指标，以及具体细化指标，简单而实用。1998 年，美国通过进一步整合得到可持续性发展指标体系，共有 40 个指标，纵向分为经济、环境、社会三大范畴，横向则应用 PSR 架构的观念，分为长期环境禀赋、过程、产出后果三个类型。

2.2.2 英国的可持续发展指标体系

英国在 1994 年颁布的《英国可持续发展策略》（*The UK for Sustainable Development Strategy*）中提出，应尽快建立一套自己的可持续发展指标体系。1996 年起由不同部门成立的工作小组时经两年初步构建成国家级的可持续发展指标体系，并于 1998 年做出修正，颁布了 120 个指标。1999 年 5 月英国政府出版了《更好的生活质量：英国的可持续发展战略》报告，该报告认为，可持续发展的核心就是保证当代和后代的每一个人具有更好的生活质量。在英国，可持续发展意味着同时达到 4 个目标：社会进步、有效的环境保护、资源分类使用和经济高速持续发展。为此，英国建立了被称为"生活质量评估"的可持续发展指标体系。这个指标体系直接与英国可持续发展战略联系起来。其主要方法特征是指标和政策之间紧密的联系以及将目标定量化。高水平的政策约束强调指标作为监督政策实施的工具作用。1999 年 12 月出版的 *Quality of Life Counts* 中，指标进一步细化归类为 15 个标题、132 个分类指标。英国的可持续性发展指标体系（UKSDI）在构建过程中参照了 OECD 的环境指标架构，将 OECD 系统中 PSR 因果互动架构模式重新诠释为经济部门、环境部门和社会群落部门间的互动系统。

英国可持续发展指标是根据可持续发展战略的目标而设置的，可以帮助确定关键问题并刻画总体趋势，完成联合国可持续发展委员会交给的任务，促使公众考虑其行为对环境造成的影响。然而，该体系仅涉及易于定量和综合的、以有效方式提供国民经济统计数字的领域。而且，该体系的指标只能度量环境和经济的变化，不能直接解决发展效益与环境成本之间的协调性问题。

2.2.3　德国的可持续发展指标体系

2001 年德国开始了国家可持续发展战略，即"德国展望：我国的可持续发展战略"，确定了未来的优先发展领域，并提出了具体的目标和措施，指出可持续发展战略的核心部分应该是一个透明且有序的监测系统，同时还是一个评价阶段目标执行状况和实现程度的系统。为了确定德国在面向可持续发展的进程中处于何等位置，德国构建了自己的可持续发展评价指标体系，并强调指出，可持续发展指标必须与具体目标和任务联系起来，即具体目标一旦确定，指标就是有用和切实可行的。该指标体系主要围绕"政府与其他部门或行业的哪些贡献已达到了国家战略中提出的目标""21 个关键指标反映了哪些变化""能得出哪些关于进一步发展战略的结论"等要点进行分析和探讨。

德国通过 1996—2000 年间的 CSD 试验项目（UN-CSD 可持续发展指标的试验阶段）、2000 年联邦环境局和环境部启动的 UFOPLAN 研究项目，以及 NAPSIR 因果链（needs-activities-pressures-state-impact-response）项目研究，全面推动且进一步深化德国可持续发展指标体系的研究，把可持续发展指标和项目紧密地结合起来，有的放矢地进行指标的选取和指标体系的构建。

2.2.4　瑞典的可持续发展指标体系

瑞典第一套可持续发展指标体系是 2001 年由瑞典统计局、瑞典环境保护机构为环境部汇编而成的。瑞典选择了效率、公平和参与、适应性、价值和给后代的资源四个主题来组织他们的 30 个主要指标。选取指标的标准非常实际，强调一个指标应该具有相应的信息，并与某种形式的可持续性相关；指标数据应该容易从官方统计数据库中得到，而且应该是长期的年度数据；在社会、经济和环境之间应该有一个合理的平衡；指标的总数应该尽量控制，最好是在 30 个左右；报告的主要对象是政治家和公务员，他们需要的是内容简练集中的报告，而不是探究深度的研究。

瑞典发现决定采取什么措施是最重要的，同时认为寻找与日常生活问题密切相关的指标是必要的。但瑞典的指标评价报告没有提供一个衡量方案或者反映指标中变量之间的相关性的说明。

2.2.5 芬兰的可持续发展指标体系

1996 年为了承担联合国可持续发展指标工作项目建立的指标测试工作，芬兰开始了可持续发展指标的研究。1998 年芬兰建立了国家可持续发展指标。1998 年 6 月芬兰公布了政府可持续发展项目作为"国家促进生态可持续性评估原则"，定义了可持续发展的战略目标和行动准则及芬兰在国际合作中的定位等。

芬兰政策框架和指标选择显示出芬兰可持续发展指标体系与联合国方法上的密切联系，但同时也说明联合国指标不完全适用于衡量芬兰国家可持续发展现状，芬兰政府需要确立更适合芬兰国情的指标。

2003 年经过修改后，芬兰可持续发展指标被分为 19 个主题，代表可持续发展生态、经济和社会文化三大方面的横向问题。当然，主题和指标的选择也可由可持续发展政府项目、单个部门和国家研究所的类似项目和环境保护目标指导。对每一个指标的描述首先需通过地图或图表来分析目前现状，然后是对背景的简短描述、对现实趋势的评价、与目标的联系以及与其他指标的联系。由此，芬兰从自己的国情出发建立了相适应的可持续发展指标体系。

2.2.6 瑞士的可持续发展指标体系

2002 年瑞士联邦会议提出了瑞士可持续发展战略，确定了未来联邦政策的总体条件，包含了具体实施措施的行动计划，阐述了可持续发展指导性衡量方法，以此来评价确保可持续发展的宪法条令，并以 MONET 项目来开发这一测度工具。UNCSD 可持续发展指标体系不适合用来进行瑞士的可持续发展监测，但可以指导普通公众、政策决策者以及公共管理机构。

瑞士可持续发展指标选择最重要的标准是与瑞士可持续发展的实际相吻合，每一个指标都能评价瑞士现在与过去相比是变得更好或更坏。对于未来的发展战略，为实现可持续性，将联邦政策分为 26 个领域，考虑到实效，MONET 也尽可能采用这种分类方法，在确保 MONET 与国家努力目标一致性的基础上，简化指标的选择和产生，并根据需要不断进行调整，使可持续发展指标和项目紧密地结合起来。

2.2.7 丹麦的可持续发展指标体系

2002 年丹麦出版了第一个可持续发展指标报告，指标的选择主要根据丹麦可持续发展的国家战略"共享未来—平衡发展"中的目标和行动而确定，同时还基于了公众对可持续发展的争论观点与建议，见表 2.1。

表 2.1　丹麦可持续指标体系

序号	项 目	细 节
1	人均 GDP	
2	消除与 GDP 相关的 4 种环境影响因素的相互作用	温室气体
		进入大海的营养物质
		酸性化合物的排放
		大气排放
3	真实财富	
4	基于年龄组的就业分析	
5	平均预期寿命	
6	每百万吨 CO_2 当量排放量	工业每百万吨 CO_2 当量排放量
		交通运输每百万吨 CO_2 当量排放量
		家庭每百万吨 CO_2 当量排放量
		农业每百万吨 CO_2 当量排放量
		废弃物每百万吨 CO_2 当量排放量
7	已经分类的化学物质数量	

该报告主要由两部分组成：概括性指标体系描述了与可持续发展总体战略目标相一致的发展和成果，由 14 个指标组成，数据每年都在更新；详细具体的指标体系反映了每个行动领域，描述了一些与战略目标和行动相关的发展及其成果，数据同样每年都在更新。从此，丹麦从自己的国情出发，建立起了适合自己的可持续发展指标体系。

2.2.8　中国的可持续发展指标体系

1）世界可持续发展指标体系对我国的借鉴意义

（1）应建立专门的可持续发展指标体系研究机构。建立专门的工作小组，学习其他国家地区的指标体系发展经验，指导我国可持续发展指标体系的发展，把握研究的方向，协调地方和国家级研究之间的冲突和重叠，使可持续发展相关工作能顺利开展进行。

（2）应建立统一的国家级可持续发展指标体系。建立一致公认的国家级可持续发展指标体系，并通过该指标体系的测评，帮助公众及时了解我国可持续发展的进程，同时也反映出国家可持续发展的工作成果,统一社会各界对于可持续发展的认识。

(3) 应注重可持续发展指标体系的实际操作性。操作性是建立可持续发展指标体系的目标性要求。国内在追踪国际理论前沿的同时,需注意加强指标可操作性的研究,力求所设立的指标具有层次性、开放性和动态性等特点。

(4) 应与国际可持续发展指标体系研究接轨。我国可持续发展指标体系的研究需能同国际接轨,方便运用国际的计算方法;同时应注意我国统计资料的国际接轨度,要有利于当前国际级指标体系(如 ESI、EPI 等)的数据搜集、分析与确认,从而保证国际的指标体系在国家间的比较中能对我国有公正评价。

2) 我国对于可持续发展开展的广泛研究与讨论

对于国家层次的可持续发展指标体系,我国开展了广泛的研究与讨论,并提出了一些框架。许多部门和研究机构对国家级可持续发展指标体系进行了研究,并取得了一定的进展。

(1) 科技部组织的"中国可持续发展指标体系"的研究

联合国环境与发展大会之后,我国率先制定了《中国 21 世纪议程》,将"可持续发展"确定为中国走向 21 世纪的两大战略之一,并纳入到国民经济和社会发展的中长期发展规划中。我国在《中国 21 世纪议程优先项目计划(第一批)》中设立了"中国可持续发展指标体系与评估方法的研究与建立"项目,开始研究我国可持续发展指标体系。国家计委、国家科委在《关于进一步推动实施〈中国 21 世纪议程〉的意见》中指出:"有条件的地区和部门可根据实际情况,制订可持续发展指标体系,并在本地区、本部门实行。"

科技部组织中国 21 世纪议程管理中心、中国科学院地理研究所、国家统计局统计科学研究所联合组成课题组,对中国可持续发展指标体系进行初步研究。该研究主要根据《中国 21 世纪议程》中各个方案领域的行动依据、目标、行动等情况,结合《九五计划和 2010 年远景目标纲要》,并借鉴国外的经验,提出了中国可持续发展指标体系的初步设想。

(2) 中国科学院可持续发展研究组制订的指标体系

根据中国可持续发展战略的理论内涵、结构内涵和统计内涵,中国科学院可持续发展研究组建立了由五大支持系统构成的中国可持续发展指标体系(2001 年修正版)。它以区域可持续发展为目标,分为总体层、系统层、状态层、变量层和要素层五个等级,用资源承载力、发展稳定性、经济生产力、环境缓冲力和管理调控能力来测度区域可持续发展能力。

(3) 代表性的研究或个案

国家和地区政府部门为推进可持续发展战略的实施,立足于各自的部门特点和发展阶段提出了指标体系。代表性的研究或个案有:

凌亢等借鉴荷兰国际城市环境研究所的经验,提出从经济、社会、环境、资源等角度对城市可持续发展水平、发展能力和发展协调度进行评价;阎耀军提出了由社会、经济、人口、资源、环境、域外 6 个子系统组成的指标体系基本框架；宋锋华根据可持续发展的基本思想和指标体系构建原则提出了包括经济、社会和资源环境三个系统的四级指标体系框架。

国家计委国土开发与地区经济研究所对中国可持续发展指标体系进行了研究，分为社会发展、经济发展、资源和环境四个领域，分别包括各级重点指标共计 59 个，并应用 ECCO（Evolution of Capital Creation Options）方法模拟运行，由此产生了一系列非货币指标 12 个，最终从总体上构成了可持续发展指标体系。

1994 年，张志强提出了"PRED（人口、资源、环境和发展）指标体系结构"，按照人口发展状况、资源数量与利用状况、生态与环境状况、经济发展状况分类，共包含 55 项指标，从人口、资源、环境、发展等方面来评价中国可持续发展情况。

1996 年，国家统计局统计科学研究所和《中国 21 世纪议程》管理中心联合成立课题组，研究国家级"可持续发展指标体系"。其总体结构是将可持续发展指标体系分成经济、社会、人口、资源、环境和科教 6 大子系统。在每一个子系统内，分别根据不同的侧重点建立描述性指标，共计 83 个指标。该研究提出了"中国可持续发展统计指标体系"的基本思路和经验预选指标方案，从编制描述性菜单式指标体系起步，进而研究综合评价方案。该课题组对 1990—1996 年中国的发展情况做了总体态势评价，认为中国可持续发展总体态势处于亚健康状态。

1997 年，张林泉提出了"社会发展综合试验区可持续发展指标体系"，其不同之处在于评估前要先用"经济发展条件"和"社会稳定条件"来判别试验区是否具备评价的前提条件。将可持续发展指标分为可持续发展水平指标、可持续发展能力指标、发展协调度指标三大类。

1999 年，国家环保总局可持续发展指标体系课题组以三明市和烟台市为例，研究了真实储蓄率的计算方法，构建了一个可持续发展指标体系框架。该研究得到的结论是：真实储蓄有比较明确的政策含义，容易被理解与接受，其基础数据较易获得，计算结果既可以横向比较（不同城市之间），也可以纵向比较（若干年的变化趋势），故真实储蓄不失为是一种比较实用的衡量可持续发展的系统化指标。

2002 年，中国科学院可持续发展战略研究组独立开辟了可持续发展研究的系统学方向，并根据此理论内涵设计了一套"五级叠加，逐层收敛，规范权重，统一排序"的可持续发展指标体系。该指标体系分为总体层、系统层、状态层、变量层和要素层 5 个等级，分为生存支持系统、发展支持系统、环境支持系统、社会支持系统、智力支持系统 5 个一级指标。生存支持系统包括生存资源禀赋、农业投入水平、资源转化效率、生存持续能力 4 个二级指标及 11 个三级指标，下设 35 个四级指标；发展支持系统包括区域发展成本、区域发展水平、区域发展质量 3 个二级指标和多个三级及四级指标；环境支持系统包括区域环境水平、区域生态水平、区域抗逆水平 3 个二级指标，下设 7 个三级指标及多个具体指标；社会支持系统包括社会发展水平、社会安全水平、社会进步动力 3 个二级指标，8 项三级指标，包含多项具体考核指标；智力支持系统下设区域教育能力、区域科技能力、区域管理能力 3 个二级指标和多个三级、四级指标。该体系共包含 219 个指标，全面系统地对 45 个指数进行了定量描述，从各个方面对可持续发展加以评价。

20 世纪 80 年代以来，中国政府和相关部门及管理机构根据可持续发展的思想，开展了有针对性的城市可持续建设模式的探讨。从 80 年代初的全国文明城市，到 90 年代的国家卫生城市、园林城市、健康城市、国家环境保护模范城市，再到 20 世纪初的生态城市、生态园林城市、宜居城市，这些实践都促进了可持续城市的建设。有关部门和学者也从国家、区域、城市等层面提出了切实可行的城市可持续发展评价指标体系。

本书课题组通过大量的文献阅读，借助网络工具，收集到 9 个不同层面的有代表性的可持续评价指标体系，按照提出的时间先后顺序排列，详细情况如表 2.2 所列。

表 2.2 可持续发展指标体系一览表

序号	发布机构	时间	涉及方面及指标数量	目的
S1	国家统计局统计科学研究所和《中国 21 世纪议程》管理中心	1996	经济（17）、资源（19）、环境（17）、社会（16）、人口（7）、科教（7）	描述国家级可持续发展的状况和趋势
S2	国家计委国土开发与地区经济研究所	1996	社会（18）、经济（18）、资源（6）、环境（19）	国家层面可持续发展实现程度评价
S3	国家环保总局可持续发展指标体系课题组	1999	经济、环境、资源、社会	可持续指标体系框架
S4	科技部	2002	人口（2）、生态（2）、资源（3）、环境（5）、经济（4）、社会（10）、科教（4）	国家可持续发展试验区验收
S5	环境保护部	2007	经济（5）、生态环境（13）、社会进步（3）	指导国家生态城市建设
S6	国家发展和改革委员会	2009	经济与结构调整（4）、科技创新（4）、资源环境（14）、民生改善（8）	实现协调发展、创新发展、绿色发展和共享发展
S7	国家信息中心经济预测部课题组	2009	经济与结构（11）、人口资源与环境（18）、公共服务与人民生活（28）	实现经济、政治、文化、社会、生态建设全面协调发展
S8	中国城市发展研究院	2010	经济（12）、社会（10）、人居生活（13）	评价城市科学发展程度
S9	中国科学院城市环境研究所	2010	经济、社会、环境共 12 个指标	评价城市可持续建设水平

3）现阶段我国可持续发展指标体系存在的一些问题

（1）对实践的指导性差。作为指标它必须具有清晰的定义以及再现性、确定性和实用性等特征，但当前中国可持续发展指标体系却存在不易操作，难以进行综合与试验，不利于不同城市区域之间比较等问题。这是由于不少指标的选择或是难以计算，或是同现有的统计资料脱节，从而使最终的分析结果难保准确性和客观性。

（2）尚未形成全国统一的可持续发展指标体系。公认、统一的指标体系，利于国家把握本国可持续发展进程，也利于社会各界监督了解本国的可持续发展状况。目前，美国、加拿大、荷兰、英国、芬兰等国家都已经形成了统一的国家级的可持续发展指标体系。而我国现有的可持续发展指标体系种类繁多，且不太成熟，还未能建立起一个适合不同地区、能够被广泛认可的、有较强操作性的可持续发展指标体系。

（3）缺乏专门的组织机构统筹推进。国际上不少国家的可持续发展体系研究，都有专门机构负责推进。美国的可持续发展指标体系构建的开端是在 1993 年 6 月 14 日由时任美国总统克林顿签署行政命令成立"可持续发展总统委员会"（PCSD）。PCSD 在 1994 年组织了一个各部门合作的可持续发展指标小组（SDI Group），之后，包括美国 1996 年的 10 项可持续发展国家目标以及1998 年的美国可持续发展指标（SDI）都是该小组整合发布的结果。同样，英国的可持续发展指标系统也是由不同部门构成的工作小组来专门负责推进。相比之下，我国可持续发展指标体系的研究目前尚没有明确的负责机构，这在一定程度上给我国可持续发展指标体系的发展造成了障碍。

2.3　省级和城市尺度的指标体系

如前所述，建立描述、评价和考核可持续发展的指标体系，是全人类实施可持续发展战略的重要内容。世界各国不仅在全球尺度、国家尺度对可持续发展指标体系进行了积极的探索和实践，同时还在国家尺度以下的不同区域尺度上对可持续发展指标体系展开了研究，如欧洲城市可持续发展指标、新西兰马努卡市的可持续发展指标体系、美国西雅图社区可持续发展指标体系等，以及国内的云南省可持续发展指标体系、海南省可持续发展指标体系、山东省可持续发展指标体系、南京市可持续发展指标体系、黑龙江省哈尔滨市可持续发展指标体系、山西交口县可持续发展指标体系，以及云南山区民族行政村可持续发展指标体系等。

2.3.1　国外有关生态城市的指标体系

1）欧洲城市可持续发展指标体系

欧洲可持续性城镇宪章中出现的政策组成了建立指标的基本框架，一项指标可以作为每一项政策主题的先验。

欧洲城市可持续发展指标体系由 16 个指标构成，强调指标应该能反映发展的关键问题；应有助于进行发展进程的比较、评价和预测，应该有助于城市的建设和协调发展，使各个层次的决策能够促进地方的信息公开、权力机构的民主；应该有利于城市变得更加透明而健康；应有象征性的作用，有利于促进不同部门及其领域可持续发展的协同进步；由于不断革新，建立的指标也将因为存在一个永远创新的氛围而不断完善。因为与政策结合紧密，所以该指标体系具有很强的可操作性和现实性。

2）新西兰马努卡市的可持续发展指标体系

以新西兰的马努卡市为研究区域，构建的评价马努卡市可持续发展状况的评价指标体系，主要从归属感、安全的社区、建筑环境的质量、健康的社区、健康的环境、地方经济增长、教育和就业 7 方面的主题来选择指标。该指标体系强调被社区和委员会选举的成员所接受，与马努卡市的关键问题相关、与国际指标相关联，在更大的社区范围内透明决策、收取数据的费用最小化、能衡量和再现变化、能与政府管理、经济、社会和环境要素联系起来、能预测趋势和评价现状，因此该指标体系可操作性强，能较好地收集数据，容易被公众所理解和接受。

3）美国西雅图市社区可持续发展指标体系

社区负责人通过创建"可持续的西雅图"研究项目，并使其成为一个致力于促进地区长期健康发展的非营利性组织和市民志愿者网络，建立起了西雅图可持续发展社区指标体系，对于指标体系中从未量度的指标，给出一个本底值。

把经济、环境、文化及社会发展有效地结合起来，确定了测度西雅图可持续发展的 10 个专题指标，其由 32 个具体指标构成。另外，强调指标的选取能够反映文化、经济、生态环境长期健康的发展趋势；可以用统计方法进行衡量，容易获得过去 10~20 年的数据；对地方媒体有吸引力；普通民众容易理解。因此，该指标体系具有很强的可操作性，容易很快地被公众所理解和接受。

4）其他

有关生态城市指标体系的研究中，欧盟资助的"生态城市计划"中的评价指标体系是国外生态城市评价指标体系的代表之一。该评价指标体系包括城市结构、交通、能源与物质流、社会经济议题四方面标准。

此外，美国克里夫兰的生态城市议程中包含了空气质量、气候变迁、多元化、能源、绿色建筑、绿色空间、公共建设、小区特色、居民健康、可持续发展运输选择等纲领性目标要求。

加拿大温哥华的生态城市建设指标体系包括固体废弃物、交通运输、能源、空气排放、土壤与水、绿色空间、建筑等。

2.3.2 国内有关生态城市的指标体系

绿色生态村镇指标体系也参考和借鉴了国内各级政府、研究机构生态文明建设、生态区域建设等相关指标体系。现就其与国内各地方政府得到较多认可的指标体系相对比，分析其科学依据和实践价值。

1）国家环境保护模范城市考核指标体系

1998 年环境保护部制定了《国家环境保护模范城市考核指标（试行）》。该指标体系分为社会经济、环境质量、环境建设、环境管理四个部分，24 项具体指标。其后，为了适应各阶段环境保护工作需要，国家环保总局先后对《国家环境保护模范城市考核指标（试行）》及实施细则进行了六个阶段的调整，根据国家对环境保护的要求以及各个阶段的污染治理水平，提高了一些重点指标的考核标准。现行的国家环境保护模范城市考核指标体系（第六阶段）比 1998 年的第一阶段指标，对"城市生活污水集中处理率""建成区绿化覆盖率""空气污染指数 API""工业废水排放达标率"等指标做了调整，同时增设了"中小学校环境教育普及率"等指标，共 26 项具体考核指标。

2）生态城市综合评价指标

2003 年，廖福霖在《生态文明建设理论与实践》一书中提出了一套基于生态城市结构、功能及协调的综合评价指标。这套指标从结构、功能、协调度三个方面进行衡量。其中，结构分为人口结构、基础设施、城市环境、城市绿化四个部分，共 12 项具体指标；功能分为物质还原、资源配置、生产效率三个部分，共 9 项具体指标；协调度分为社会保障、城市文明、可持续性三部分，共 9 项具体指标。与目前一些城市以及国家环保总局提出的生态城市评价指标相比较，该指标体系缺乏系统性和完整性，过于简单。但是，从城市生态系统结构、功能和协调角度去构建生态城市指标体系应该是一个可以努力的方向。

3）城市环境综合整治定量考核指标体系

20 世纪 80 年代，城市环境综合整治工作取得了一定成绩。但是，由于城市工业和人口集中，长期积累下来的环境问题较多，导致环境综合整治落后于城市环境保护发展的需要。1988 年，国务院环境保护委员会在总结各地经验的基础上，发布了《关于城市环境综合整治定量考核的决定》，要求自 1989 年 1 月 1 日起实施城市环境综合整治定量考核工作，引起了全国各地的普遍重视。1989 年 1 月，国务院环境保护委员会又发布了《关于下达〈关于城市环境综合整治定量考核实施办法（暂行）〉的通知》，在 1989 年 4 月第三次全国环境保护会议上把定量考核作为环境保护工作的重要制度并提出了一些具体要求。从此，城市环境综合整治定量考核作为一项制度被纳入市政府的议事日程，在国家直接考核的 32 个城市和省（自治区）的城市考核中普遍开展起来。

国家环保总局在 1989 年对城市环境可持续发展环境指标进行了探索，制定了城市环境综合整治定量考核指标体系。随着城市环境综合整治工作的不断深入，考核指标先后进行了四次较大的调整（"九五""十五""十一五""十二五"），新体系在原体系的环境质量、污染控制、环境建设类指标的基础上，增加了环境管理类指标，目前执行的考核指标体系与最初的指标体系的变化如表 2.3 所列。考核指标的设置主要反映了城市环境保护工作的重点内容，每项指标均包括指标定量考核内容和工作定性考核内容。

表 2.3　指标体系构成变化对照表

体系	体系构成
原体系	环境质量类 6 项指标、污染控制类 10 项指标、环境建设类 5 项指标
新体系	环境质量类 5 项指标、污染控制类 6 项指标、环境建设类 3 项指标、环境管理类 2 项指标

国务院环境保护委员会《关于城市环境综合整治定量考核的决定》中指出："环境综合整治是城市政府的一项重要职责。"定量考核是实行城市环境目标管理的重要手段，也是推动城市环境综合整治的有效措施。考核对象是各城市人民政府，考核重点是城市环境质量、环境基础设施建设、污染防治工作和公众对环境的满意率等。定量考核以规划为依据，以改善和提高环境质量为目的，通过科学的定量考核指标体系，把城市的各行各业、方方面面组织调动起来，推动城市环境综合整治深入开展，完成环境保护任务，促进城市可持续发展。

4) 生态省试行指标（2003 版，2007 年修订）

生态省是社会经济和生态环境协调发展，各个领域基本符合可持续发展要求的省级行政区域。生态省建设的具体内涵是运用可持续发展理论和生态学与生态经济学原理，以促进经济增长方式的转变和改善环境质量为前提，抓住产业结构调整这一重要环节，充分发挥区域生态与资源优势，统筹规划和实施环境保护、社会发展与经济建设，基本实现区域社会经济的可持续发展。相对于生态县和生态市相关指标体系，生态省试行指标体系由于所涉及地域范围最广，因此其指标设置上受到数据统计、区域内部差异等因素限制，将更加宏观。

生态省试行指标体系由 3 项一级指标和 22 项二级指标组成，同样涵盖经济发展、生态环境保护和社会进步三大方面。其中，第一部分经济发展由人均国内生产总值、年人均财政收入、农民年人均纯收入、城镇居民年人均可支配收入、环保产业比重、第三产业占 GDP 比重 6 项指标组成；第二部分环境保护由森林覆盖率、受保护地区占国土面积比例、退化土地恢复率、物种多样性指数、主要河流年水消耗量、地下水超采率、主要污染物排放强度、降水 pH 值年均值、空气环境质量、水环境质量、旅游区环境达标率 11 项指标组成；第三部分生态社会进步由人口自然增长率、城市化水平、恩格尔系数、基尼系数、环境保护宣传教育普及率 5 项指标组成。

从指标的权重分布上看，无论生态县、生态市或是生态省指标体系，均将生态环境保护放在突出位置，从不同程度提出了突出节能减排，提高对生态环境保护工作的要求和门槛。在强化分类指导，提高可操作性上，针对不同地区在考核指标适用性上的差异，指标体系区分了约束性指标和参考性指标，并进一步细化了同一指标对不同地区的要求。在指标体系适用范围上，生态省指标是从国家层面对各省生态文明建设进行评价的依据，无论是从空间尺度还是行政级别上，都决定了该指标体系的作用更多体现在思路上的引领。崇明生态岛建设指标体系"生态、环境、经济、社会、管理"五位一体的指标体系框架在结构上将生态省试行指标体系的经济发展、生态环境保护和社会进步三大方面进一步细化，操作性更强。

5) 生态市试行指标（2003 版，2007 年修订）

生态市试行指标最早于 2003 年出现在国家环保局自然司印发的《生态县、生态市、生态省建设指标（试行）》文件中。在此，生态市（含地级行政区）被定义为社会经济和生态环境协调发展，各个领域基本符合可持续发展要求的地市级行政区域。生态市是地市规模生态示范区建设的最终目标。生态市建成的主要标志是生态环境良好并不断趋向更高水平的平衡，环境污染基本消除，自然资源得到有效保护和合理利用，稳定可靠的生态安全保障体系基本形成，环境保护法律、法规、制度得到有效地贯彻执行，以循环经济为特色的社会经济加速发展，人与自然和谐共处，生态文化有长足发展，城市、乡村环境整洁优美，人民生活水平全面提高。

生态市试行指标体系由 3 项一级指标和 28 项二级指标组成，与生态县试行指标体系一样，涵盖经济发展、生态环境保护和社会进步三大方面。其中，第一部分经济发展指标包括人均国内生产总值、年人均财政收入、农民年人均纯收入、城镇居民年人均可支配收入、第三产业占 GDP 比例、单位 GDP 能耗、单位 GDP 水耗、应当实施清洁生产企业的比例 8 项指标；第二部分生态环境保护包括森林覆盖率、受保护地区占国土面积比例、退化土地恢复率、城市空气质量、城市水功能区水质达标率、主要污染物排放强度、集中式饮用水源水质达标率、噪声达标区覆盖率、城镇生活垃圾无害化处理率、城镇人均公共绿地面积、旅游区环境达标率 11 项指标；第三部分社会进步包括城市生命线系统完好率、城市化水平、城市气化率、城市集中供热率、恩格尔系数、基尼系数、高等教育入学率、环境保护宣传教育普及率、公众对环境的满意率 9 项指标。

总体上，经济发展和生态环境保护在指标设置方面相似性较高，但在具体指标的设置上体现出鲜明的阶段性特征。在崇明生态岛建设指标体系中并未设置城市生命线系统完好率、城市集中供热率等城镇化建设评估指标，这是由崇明自身基础设施发展现状和经济结构决定的。以农业为主导产业的崇明岛目前以村镇为主要行政单位，村庄聚落分散式布局，城镇化地区所占比重远小于农村地区，因此现阶段崇明城镇化建设的重点在于发展高密度城市节点，此时如果采用一般的城市建设指标作为指导和依据一定程度上缺乏敏感性，对崇明岛的城镇化的指导意义不强。以此为契机，崇明生态岛建设指标体系 2.0 版增加了新农村建设与农村改造资金投入量指标用来引导农村聚落的建设，并将其纳入考核体系。

6）全国生态文明建设试点示范区指标——示范市

与生态示范县指标体系相似，生态示范市指标体系包括生态经济、生态环境、生态人居、生态制度、生态文化 5 个一级指标，29 个二级指标和 1 个特色指标，共 30 项。第一部分生态经济，包括资源产出增加率、单位工业用地产值、再生资源循环利用率、生态资产保持率、单位工业增加值新鲜水耗、碳排放强度、第三产业占比、产业结构相似度 8 项指标；第二部分生态环境，包括主要污染物排放强度、受保护地占国土面积比例、林草覆盖率、污染土壤修复率、生态恢复治理率、本地物种受保护程度、国控、省控、市控断面水质达标比例、中水回用比例 8 项指标；第三部分生态人居，包括新建绿色建筑比例、生态用地比例、公众对环境质量的满意度 3 项；第四部分生态制度，包括生态环保投资占财政收入比例、生态文明建设工作占党政实绩考核的比例、政府采购节能环保产品和环境标志产品所占比例、环境影响评价率及环保竣工验收通过率、环境信息公开率 5 项指标；第五部分生态文化，包括党政干部参加生态文明培训比例、生态文明知识普及率、生态环境教育课时比例、规模以上企业开展环保公益活动支出占公益活动总支出的比例、公众节能、节水、公共交通出行的比例 5 项指标和 1 项特色指标。值得借鉴的是，全国生态文明建设试点示范区指标体系在生态制度下设置了环境信息公开率等相关指标，显著提高了生态文明建设中的公众参与程度。

　　7）绿色生态城区评价标准

　　2015 年 7 月，为贯彻执行节约资源和保护环境的国家技术经济政策，推进新型城镇化的可持续发展，规范绿色生态城区的评价，由中国城市科学研究会同有关单位编制了国家标准《绿色生态城区评价标准》。绿色生态城区评价指标体系应由土地利用、生态环境、绿色建筑、资源与碳排放、绿色交通、信息化管理、产业与经济和人文 8 类指标组成，每类指标均包括控制项和评分项。为鼓励绿色生态城区的技术创新和提高，评价指标体系还统一设置技术创新项。

2.4　区县和村镇尺度的指标体系

　　1）生态县试行指标（2003 版，2007 年修订）

　　2003 年，国家环境保护总局自然司为进一步深化生态示范区建设，推动全面建设小康社会战略任务和奋斗目标的实现，制定并印发了关于指导生态县、生态市、生态省等不同行政级别的生态文明建设指标体系试行稿。该指标在国家层面对各级地方政府提出了生态文明建设的具体意见和标准，指标体系的提出和修改旨在指导各地政府发展生态经济，实现新时期社会、经济和生态的可持续发展。随着生态文明建设的持续开展，国家环保局办公厅于 2005 年对《生态县、生态市建设指标》（以下简称《指标》）进行了首次全国范围内的调整。特别考虑到欠发达地区社会、经济发展的实际情况，有关部门通过调研广泛征求意见，决定对《指标》中的"农民年人均纯收入"和"城镇居民年人均可支配收入"两项指标进行调整，对有关水网地区森林覆盖率的计算方式进行界定。随后，在 2007 年又根据各地生态文明建设的实践工作来开展指标体系的修整，确定了生态县、生态市和生态省的基本条件，以及各项指标的数据来源、计算方法等推行细节。

　　生态县（含县级市）是社会经济和生态环境协调发展，各个领域基本符合可持续发展要求的县级行政区域。生态县是县级规模生态示范区建设发展的最终目标。该指标体系用于进一步衡量以建设生态县为发展目标的县级政府，按照《生态县、生态市建设规划编制大纲（试行）》（环办〔2004〕109 号）组织编制或修订完成的生态县（市、区）建设规划的实施情况。可以说，生态文明相关指标体系的建立对区域发展起到了指导和衡量的双重作用。

　　指标体系先后经过 2005 年和 2007 年的两次调整，最终确定由 3 个一级指标和 22 项具体指标组成。其中，第一部分经济指标包括农民年人均纯收入、单位 GDP 能耗、主要农产品中有机、绿色及无公害产品种植面积的比重、单位工业增加值新鲜水耗、农业灌溉水有效利用系数 4 项指标；第二部分生态环境保护指标包括森林覆盖率、受保护地区占国土面积比例、空气环境质量、水环境质量、噪声环境质量、主要污染物排放强度、城镇污水集中处理率、城镇生活垃圾无害化处理率、城镇人均公共绿地面积、农村生活用能中清洁能源所占比例、秸秆综合利用率、规模化畜禽养殖场粪便综合利用率、化肥施用强度（折纯）、集中式饮用水源水质达标率、农村卫生厕所普及率、环境保护投资占 GDP 的比重 16 项指标；第三部分社会进步指标包括人口自然增长率、公众对环境的满意率 2 项指标。

该指标推行之后，被广泛用于指导全国范围内县级行政单位开展生态文明建设工作，这 22 项指标基本涵盖了经济发展、环境友好和社会进步的各个方面，每项指标都有详细的量化标准，根据不同地区的特殊性，指标进一步细化了使用区域。例如，农民年人均纯收入指标又细化为经济发达县（县级市）不少于 6 000 元，经济欠发达县（县级市）不少于 4 500 元两个层面，能够在全国范围内广泛推行。截至 2016 年 7 月，全国共有 114 个县级行政区获评国家级生态县，这些县级市在该指标的指导下结合自身优势发展成为对其他地区具有引领作用的的生态文明示范县。

在具体指标的设置上，崇明生态岛建设指标体系更为具体，指标的针对性更强。例如，生态省试行指标体系中的空气环境质量指标在崇明生态岛建设指标体系中以环境空气 AQI 优良率和风景旅游区负氧离子浓度来表示。这两个指标虽然都是对崇明岛范围内空气环境质量的评测，但各有侧重，前者是对崇明岛域范围内环境空气进行监测，着重通过衡量岛内现有生产生活方式在空气质量上的反映，为下一步优化产业结构提供依据；而风景旅游区负氧离子浓度采集的是森林公园、明珠湖等崇明岛重要旅游区的空气负氧离子数据，该指标的选取和设置与世界卫生组织的相关标准相一致，对崇明岛生态文明建设提出了更高的要求。更重要的是，该指标与气象条件和采样地区水域、植被的生长周期密切相关，对风景旅游区生态环境现状的敏感性极高。因此，这两个指标从宏观和微观两个角度对崇明岛的空气质量进行监测，突出了生态系统建设的核心地位。

同样，相比生态省试行指标体系中设置的水环境质量（近岸海域水环境质量），崇明生态岛建设指标体系以骨干河道水质达到 III 类水域比例和饮用水水源地水质达标率 2 个指标具体衡量岛内的水环境质量。这个指标同样具有鲜明的崇明特色。崇明岛在现阶段着重推动"一环二湖十竖"骨干河道综合整治，采用了"基于崇明沙质土壤特征的河岸生态护坡技术"等多项国际先进的河道整治技术，致力于打造高质量的区域水系，促进下垫面生态系统内各要素的循环以形成日渐完善的人工生态系统。同时，在水环境的治理上还重点推动了开辟水源地，促进水资源可持续利用的多项举措。可以说，这两项指标的设置立足于现阶段崇明岛将自然生态系统与人工生态系统相融合的现实需要，能在这一时期内有效监测崇明岛生态建设的完成情况。

在具体指标的设置上，崇明生态岛建设指标体系体现出本地区独特的自然禀赋和社会经济需求。例如，生态县试行指标体系中的城镇生活垃圾无害化处理率在崇明生态岛建设指标体系中体现为主要生活垃圾资源化利用率，这是由于建设大型复杂人均生态系统不仅需要减少污染，更需要推动本地建立良性的资源循环利用机制。对于岛屿生态系统而言，其脆弱性和敏感性决定了"先污染后治理"的路子是行不通的，对资源的循环利用才是生态文明建设的重点。因此，崇明生态岛建设指标体系对废物"资源化利用"的约束是必要的。而在关于饮用水水质的指标选择上，生态县试行指标体系选择集中式饮用水源水质达标率（村镇饮用水卫生合格率），而崇明生态岛建设指标体系则选择饮用水水源地水质达标率。对崇明岛而言，水源地水质安全是建设自有生态系统的核心环节。特别是水源地的开辟和保护是本地供水安全，生态安全，人民生产生活用水的重要保障。因此，在崇明生态岛建设指标体系的设置中突出了水源地保护的战略意义。指标体系构成变化如表 2.4 所列。

表 2.4　指标体系构成变化对照表

体系	考核指标体系	体系构成		
		经济发展类（项）	环境保护类（项）	社会进步类（项）
原体系（试行）	生态县	7	21	8
	生态市	8	11	9
	生态省	6	11	5
新体系（修订）	生态县	4	16	2
	生态市	5	11	3
	生态省	3	11	2

2）全国生态文明建设试点示范区指标——示范县

2013 年 5 月，环境保护部为深入贯彻落实党的十八大精神，以生态文明建设试点示范推进生态文明建设，研究制定了《国家生态文明建设试点示范区指标（试行）》。该指标体系为全国范围内生态文明试点县（含县级市、区）、市提供建设指标。生态示范县指标体系包括生态经济、生态环境、生态人居、生态制度、生态文化 5 个一级指标，28 个二级指标和 1 个特色指标，共 29 项。

● 第一部分生态经济，包括资源产出增加率、单位工业用地产值、再生资源循环利用率、碳排放强度、单位 GDP 能耗、单位工业增加值新鲜水耗、农业灌溉水有效利用系数、节能环保产业增加值占 GDP 比重、主要农产品中有机、绿色食品种植面积的比重 9 项指标；

● 第二部分生态环境，包括主要污染物排放强度、受保护地占国土面积比例、林草覆盖率、污染土壤修复率、农业面源污染防治率、生态恢复治理率 6 项指标；

● 第三部分生态人居，包括新建绿色建筑比例、农村环境综合整治率、生态用地比例、公众对环境质量的满意度、生态环保投资占财政收入比例 5 项指标；

● 第四部分生态制度，包括生态文明建设工作占党政实绩考核的比例、政府采购节能环保产品和环境标志产品所占比例、环境影响评价率及环保竣工验收通过率、环境信息公开率、党政干部参加生态文明培训比例、生态文明知识普及率 6 项指标；

● 第五部分生态文化，包括生态环境教育课时比例、规模以上企业开展环保公益活动支出占公益活动总支出的比例、公众节能、节水、公共交通出行的比例 3 项指标和 1 个特色指标。

全国生态文明建设试点示范区指标体系的设置基础在于全国范围内县级行政单位生态文明建设的现状和增长空间，采取与行政考核相结合的形式，被 2013 年后全国各地新增生态文明指标体系广泛借鉴。而崇明生态岛建设指标体系的设计早于全国生态文明建设试点示范区指标体系，这充分说明了崇明生态岛建设指标体系的设置具有前瞻性和指导性，与国家层面的生态文明战略选择相一致。

在具体指标设置方面，崇明生态岛建设指标体系的指标选择体现出崇明实现生态文明跨越式发展的决心和优势。在全国生态文明建设试点示范县指标体系中，污染土壤修复率、生态恢复治理率两项指标的选择从侧面反映了现阶段我国广大县级行政单位的生态环境现状不容乐观，生态文明建设路径是"先治理后发展"。相比之下，崇明岛优越的自然禀赋和环境条件帮助其选择将社会经济子系统嵌入进自然生态系统的发展路径。但值得借鉴的是，全国生态文明建设试点示范区指标体系为各县级行政单位进行生态文明建设提供了特色指标设置的选择，这有助于各地因地制宜，制订具有本地特色的生态文明发展路径。

3）国家级生态乡镇建设指标

国家级生态乡镇示范建设是加快推进农村环境保护工作的重要载体，是国家生态建设示范区建设的重要组成，是实现环境保护优化农村经济增长的有效途径，也是现阶段建设农村生态文明的重大举措。为规范国家级生态乡镇申报及管理工作，2011 年环境保护部制定了《国家级生态乡镇建设指标》，从环境质量、环境污染防治、生态保护与建设三方面建立，共 15 项指标。

4）国家级生态村创建标准

为贯彻落实《国务院关于落实科学发展观加强环境保护的决定》，加强农村环境保护工作，推进社会主义新农村建设，国家环保总局决定开展国家级生态村创建活动，并于 2006 年 12 月制定《国家级生态村创建标准（试行）》，促进各地区结合本地区实际情况，组织开展国家级生态村的创建工作，改善农村生产与生活环境，为全面建设小康社会提供环境安全保障。

5）国家生态文明建设示范村镇指标

为深入贯彻落实党的十八大精神，大力推进农村生态文明建设，打造国家级生态村镇的升级版，环境保护部于 2014 年 1 月制定了《国家生态文明建设示范村镇指标（试行)》，使各地在继续推进国家级生态村镇建设的同时，加强协调、指导和监督，积极推进国家生态文明建设示范村镇建设。

国家生态文明建设示范村镇指标体系是从生产发展、生态良好、生活富裕、村风文明 4 方面建立的。其中，国家生态文明建设示范村指标分解为四个类型，18 项指标，国家生态文明建设示范乡镇指标分解为四个类型，21 项指标。

6）绿色低碳重点小城镇建设评价指标

2011 年 9 月，住房城乡建设部、财政部、国家发展改革委为做好绿色低碳重点小城镇试点示范的遴选、评价和指导工作，推进绿色低碳重点小城镇试点示范的实施，按集约节约、功能完善、宜居宜业、特色鲜明的总体要求，制定了《绿色低碳重点小城镇建设评价指标（试行）》。

绿色低碳重点小城镇评价指标体系是从社会经济、规划管理、资源环保、基础设施等方面建立的，评价指标分社会经济发展水平、规划建设管理水平、建设用地集约性、资源环境保护与节能减排、基础设施与园林绿化、公共服务水平、历史文化保护与特色建设七个类型，分解为 35 个项目、62 项指标。其中 6 项指标为一票否决项，是绿色重点小城镇的先决条件。

7）全国环境优美乡镇考核标准

国家环保总局于 2002 年 7 月发布了《关于深入开展创建全国环境优美乡镇活动的通知》，为此在《全国环境优美乡镇考核标准（试行）》中设定了 6 个基本条件，将社会经济发展、城镇建成区环境、乡镇辖区生态环境 3 个一级指标分解为 26 项考核指标。并在全国范围内开展创建环境优美乡镇活动，提出在"十五"期间，全国至少要创建 100 个环境优美乡镇试点单位。

8）中国美丽村庄评鉴指标体系

2012 年，中国美丽村庄评价体系一级指标 7 项，分别为美丽环境生态体系、美丽村庄规划体系、村民居住健康体系、人文内涵体系、公共事业服务体系、经济结构发展体系、品牌形象体系，二级指标 21 项，二级指标辅助参考指标 49 项。在研究过程中，主要选择了全国 30 个有代表性的村庄做了对比性研究，并在此基础上筛选 10 个具有特色的村庄作为 2012 十佳中国美丽村庄。

2.5 国内外指标体系对绿色生态村镇环境指标体系优化的启示

可持续发展最早由《21 世纪议程》提出，目前世界各国已提出众多不同的指标体系，这些指标体系的目的在于表征与评估经济、社会、人口、资源和环境的可持续发展状态与进程。指标提出的层面包括：

- 许多国际机构提出的指标体系，如联合国可持续发展委员会、世界银行、亚太经社理事会等，非政府组织提出的指标体系，如环境问题科学委员会、世界自然资源保护同盟等；
- 国家层面指标体系，如美国、英国、德国、荷兰、北欧、加拿大等国家的可持续发展指标体系；
- 区域或城市层面的指标体系。

以上简单地列举和分析了 20 多年来国内外多种有代表性的研究成果。实际上，关于可持续发展指标体系的研究成果还很多，这些指标体系在结构设计上千差万别，框架类型多种多样，指标的选取无论是数量还是种类差异都非常大，而且侧重点各不相同。

可以看到，20 多年来，国内外可持续发展指标体系的研究取得了丰硕的成果，该领域的研究为人类可持续发展研究做出了杰出的贡献，为人类实施可持续发展战略打下了坚实的基础。在人类可持续发展研究领域内，某种程度上，20 世纪 90 年代以来的这 20 多年是以可持续发展指标体系研究为主的。在此期间，人们讨论的热点从可持续发展的定义转向可持续发展的评价，特别是指标体系的研究促进评价的发展。可持续发展指标体系的研究备受关注，很多学者和研究机构、各国政府、各国际组织和非政府组织都把建立和使用可持续发展指标体系作为共同的历史使命。结果是人类可持续发展指标体系从无到有，从少到多，如单项指标框架、压力－状态－响应框架（PSR）、驱动力－状态－响应框架（DSR）、驱动力－压力－状态－影响－响应框架（DPSIR）、三维结构框架、基于 21 世纪议程的框架、基于某些主题或议题的框架、以及目标－指标框架等多种类型的指标体系框架。与此同时，可持续发展指标体系的研究出现了从理论探讨走向了实际应用的趋势。伴随着可持续发展指标体系在全球尺度、自然区域尺度、国家尺度和省、市、县、行政村等不同区域尺度上的成功构建，可持续发展指标体系的应用研究（包括可持续发展评价、可持续发展指标体系的检验和完善等）也在不同尺度上全方位地展开。

本书所针对的绿色生态村镇环境指标体系，正是以上研究中的一部分。绿色生态村镇环境指标体系需结合中国的发展所处的阶段、面临的困难、需要解决的问题等多方面予以构建。根据上述对多种尺度指标体系的分析，针对本书所指的绿色生态村镇环境指标体系构建，主要获取以下经验和建议：

● 中国可持续发展指标体系大多采用社会经济统计学方法，按照可持续发展的原则对大量经济、社会、资源和环境的统计信息和统计指标进行整理、分析和筛选，并适当构造一些新的指标来客观反映可持续发展的程度，并且能够针对不同对象的可持续发展过程做出恰当的综合评估。

● 可持续发展指标在中国应用比较成熟的是在环境保护方面。中国政府积极开展了可持续发展模式的实践，建立了有关生态省、生态市、国家环境保护模范城市、生态示范区以及环境优美乡镇的评价指标体系，并在实践中得到了较好的应用。

● 要建立一个比较全面的可持续发展指标体系，建议制订一套适合于各地区的、并能得到认可的理论体系，用于指导建立可持续发展。该理论体系要与中国的国民经济核算体系相一致，以获取齐全的基础资料。指标的要求是能迅速地考察和测度重要领域的发展，而指标体系是要能够描绘一个综合性的而并非详细的可持续性图景。

目前，国内外对生态城市指标体系及生态村镇指标体系和标准都开展了一些研究。规划界也在积极地将各种生态规划特别是绿色空间等直观生态指标融入到传统城市、村镇规划标准中去。可持续发展指标体系一般作为国家、地区以及城市层面的可持续发展纲领，侧重于宏观层面的发展目标，对于中微观层面的具体建设较少涉及，但以上研究足以为本书的绿色生态村镇指标体系的构建提供纲领性的借鉴。

第 3 章　绿色生态村镇环境的指标筛选

指标是指衡量某确定目标的单位或方法。指标是说明总体数量特征的概念。指标一般由指标名称和指标数值两部分组成，它体现了事物质的规定性和量的规定性两个方面的特点。绿色生态村镇环境的性质必须由指标体现。能够体现村镇环境状况的指标有很多种，有的直接影响，有的间接影响，有的相互关联，多种指标因子相互杂糅。村镇环境指标在科学上属于复杂系统的多属性、多层次评判问题，而不是简单的一维物理量的组合。对环境指标因子进行系统提炼、分层归类，并解决因子之间关联性关系的解耦问题是主要技术难点之一。本章主要内容旨在解决指标筛选问题，将把频度分析和理论分析两个概念引入指标因子的筛选过程中，并结合实地调研等方法解决这个难题。

3.1　指标筛选的基本原则

绿色生态村镇环境是一个集资源、环境、生产发展、公共参与等多方面的复杂体系，其中有很多要素，需要评价的方面也很多，因此不可能通过很少的指标来全面评价绿色生态村镇的环境情况，而是需要一个庞大的指标体系，但当指标过于繁多时，又会给评价带来困难，数据收集工作量更大，指标体系适用性减弱，看不出哪些因素更加关键。因此，建立绿色生态村镇环境指标体系时，指标的选取不能过多也能过少，要在合理和准确评价的基础上，尽量减少使用的指标。这一过程就涉及了指标选取原则的问题，科学合理的指标选取原则是绿色生态村镇环境指标体系建立的基础。本书参考现在较为合理和被认可的指标体系设置原则，并根据绿色生态村镇的内涵、特征，认为绿色生态村镇环境指标筛选应遵循以下原则。

1）科学完整性原则

指标一定要建立在科学基础上，能充分反映绿色生态的内在机制，指标必须物理意义明确，测算方法标准，统计方法规范，具体指标能够反映绿色生态的含义和目标的实现程度，这样才能保证评估方法的科学性、评估结果的真实性和客观性。

2）可操作性原则

绿色生态村镇环境指标体系的最终目的是为了评估，为了实时地调控和监督。考虑到绿色生态村镇环境的评估工作往往是在基层进行，因此建立的指标体系要易于评价。指标设计时也要考虑指标名称通俗、典型、具有代表性，指标所需数据要易得、易于统计、计算简便、便于操作。

3) 全面性与简明性原则

要求指标体系覆盖面广，能全面并综合地反映绿色生态村镇环境系统的各种因素，以及各因素之间的协调发展。根据指标的内容与特点，可分为综合性指标与单项要素指标，或部门性指标等。绿色生态村镇环境评估涉及的内容和方面非常多，选取指标时要考虑许多方面，在众多指标中进行选择时，可能出现选择出的许多指标都会有相关性，造成指标冗余。因此在全面性的基础上，同时要求指标体系内容简单、通俗易懂、明了与准确，并具有代表性。指标往往是经过加工处理过的，通常以人均、百分比、增长率、效益等表示，要求指标能准确、清楚地反映问题。

4) 区域性原则

区域差异性作为区域固有的特性之一，决定了不同的区域在发展的过程中，不可能采取相同的发展模式，因而其发展目标或发展过程中所遇到的问题以及为解决问题所采取的方法和手段都不尽相同。为了尽可能客观地反映区域发展的实际情况，不同区域在构建评价指标体系时必然有不同的侧重。因此，对于绿色生态村镇来说，由于各种不同类型村镇在自然资源条件、社会经济发展状况、生态环境状况和发展目标等方面存在差异，在建立指标体系时，应针对不同类型、不同地区的绿色生态村镇，突出地方特色，建立一套能客观全面体现绿色生态村镇内在特征与可持续发展的全部内容，又能与各类型绿色生态村镇相适应的调控和评估指标体系。

5) 相关与动态性原则

绿色生态村镇的环境发展是一个动态过程，是一个区域在一定的时段内资源环境与社会经济在相互影响中不断变化的过程。对于同一个区域，不同时期预示着不同的发展阶段。而不同发展阶段，区域发展的目标、发展模式、为达到目标而采取的手段均不相同，因而在构建调控和评估指标体系的过程中侧重点自然也不同。至于处在不同时期的不同区域，受区域差异性、发展阶段性不同的影响，相互之间在可持续能力的建设上，采取的方式方法更是千差万别。作为评价绿色生态村镇环境的指标体系，必然也有很大的差异。这就要求被用于反映绿色生态村镇内涵、发展水平程度的指标体系，不仅能够客观地描述一个区域的绿色生态村镇环境发展现状，而且指标体系本身必须具有一定的弹性，能够识别不同发展阶段并适应不同时期村镇发展的特点，在动态变化过程中能较为灵活地反映区域村镇发展是否可持续及可持续的程度。

6) 实用与可比性原则

指标的设置要实用，容易理解，基础数据容易收集，所得指标应能易于进行地区之间和国际间的比较，同时，也要考虑与我国历史资料的可比性问题。

7) 以人为本原则

调控和评估绿色生态村镇环境归根结底是为了使村镇居民有更好的生活环境、更加和谐的社会，因此在进行绿色生态村镇环境建设时要充分体现居民的意愿，设置的指标要体现居民重点关心的问题，指标体系中应包含体现村镇生活基本条件和改善的指标。

8）定性与定量相结合原则

可持续发展指标应尽可能量化，这样才更加客观。但对于一些难以量化、其意义又重大的指标，如体现态度、满意情况等情况的指标，也可以用定性指标来描述。只有定量和定性相结合，指标体系才更加合理。

3.2 指标筛选方法的分析与选择

在指标选择过程中，粗选指标更多考虑的是指标的全面性。由于粗选指标较全面，存在指标过多、指标重复和冗余的问题，因此需要进行指标的优选和精选。

目前常用的指标初选的方法有：文献法、理论挖掘法、专家打分法等。其中文献法也叫频度分析法，频度分析法是将与研究内容相关的论文、期刊、指标体系等中的指标进行统计，按照指标出现的次数进行排序，根据次数来决定指标的选取。理论挖掘法是根据研究内容的内涵、定义、目标来筛选指标。专家法是把待选择的指标建立比较矩阵，让专家给每个指标打分，以此评价指标的重要程度，进而选出指标。

三种方法各有其优劣。频度分析法较为客观且指标比较全面，但是指标体系具有特殊性，针对于目前没有的或少有参考文献的指标体系，此方法建立的指标不能完全符合要求。理论分析法容易导致指标不全面。专家打分法是人为设置指标的重要程度，导致选取指标主观性较强。综合以上分析，本书采用频度分析与理论分析相结合的方式来筛选指标，并结合实地调研进行指标修正，这样建立的指标不仅全面、合理，同时更符合实际情况。

3.3 绿色生态村镇环境指标筛选过程

本节首先通过对国内可持续发展、生态、绿色等方面的标准、论文、报告等进行分析统计，选择指标；然后根据理论分析法，对初选指标进行删减或增加；最后结合实地调研情况，对指标进一步调整，确定最终环境指标因子，见图3.1。

3.3.1 频度分析法粗选指标

生态理论、可持续发展理论均是绿色生态村镇的理论基础，绿色生态村镇的概念和特点也是从这几个理论衍生而来，绿色生态村镇建设也需按照这两个相关理论进行。本书在文献的选取中，参考绿色、生态、可持续发展等内容，统计出以下13项国家或地方颁

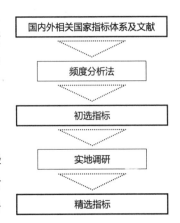

图 3.1 指标因子筛选流程图

布的指标体系和 18 篇相关论文。

（1）参与统计的国家相关指标体系包括以下内容。

- 绿色低碳重点小城镇建设评价指标（试行）；
- 美丽乡村建设指南；
- 国家级生态村创建标准；
- 国家级生态乡镇建设指标（试行）；
- 国家生态文明建设试点示范区指标（试行）；
- 福建省"十二五"环境保护与生态建设专项规划；
- 中国人居环境奖评价指标体系（试行）；
- 中国美丽村庄评鉴指标体系（试行）；
- 国家环境保护模范城市考核指标（第六阶段）；
- 全国环境优美乡镇考核标准（试行）；
- 生态县、生态市、生态省建设指标（修订稿）；
- 国家生态文明先行示范区建设方案（试行）；
- 全国生态示范区建设试点考核验收指标。

（2）参加统计的学位论文及期刊论文包括以下内容。

- 王洪林（2014）严寒地区绿色生态村镇评价指标体系构建研究；
- 曹妃甸生态城指标体系；
- 霍苗（2005）生态农村评价方法探讨；
- 李昂（2014）村镇生态系统健康研究——以重庆市开县岳溪镇为例；
- 申振东（2009）建设贵阳市生态市文明城市的指标体系与检测方法；
- 许立飞（2014）我国城市生态文明建设评价指标体系研究；
- 莫霞（2010）适宜技术视野下的生态城指标体系建构——以河北廊坊万庄可持续生态城为例；
- 李丽（2008）小城镇生态环境质量评价指标体系及其评价方法的研究；
- 王从彦（2014）浅析生态文明建设指标体系选择——以镇江市为例；
- 刘建文（2013）长株潭城市群"两型"低碳村镇建设评价指标休系构建；
- 鲍婷（2014）基于灰色——AHP 法的绿色生态村镇综合评价研究；
- 秦伟山（2013）生态文明城市评价指标体系与水平测度；
- 赵好战（2014）县域生态文明建设评价指标体系构建技术研究——以石家庄市为例；
- 郑琳琳（2012）安徽省生态乡镇建设指标体系研究；
- 谭洁（2012）天津市城镇生态社区评价指标体系构建；
- 王蔚炫（2014）资源型小城镇可持续发展评价指标体系研究；

- 姜莉萍（2008）县域可持续发展指标体系的研究与评价；
- 曹蕾（2014）区域生态文明建设评价指标体系及建模研究。

（3）部分统计结果如表 3.1 所列。

表 3.1　绿色生态村镇建设频度分析评价指标表

序号	指标	统计数	频度值
1	生活垃圾无害化处理率	25	100%
2	空气环境质量达标天数 AQI	23	92%
3	饮用水源水质达标率	23	92%
4	森林覆盖率	22	88%
5	污水处理率	22	88%
6	清洁能源普及率	21	85%
7	区域地表水及近岸海域水环境质量达到《地表水环境质量标准》（GB3838—2002）IV 类标准	19	76%
8	区域环境噪声平均值	19	76%
9	单位 GDP 能耗	18	72%
10	人均公共绿地面积	16	65%
11	环境保护投资占 GDP 比重	14	56%
12	农民人均纯收入	14	56%
13	单位 GDP 水耗	13	52%
14	公众对环境状况满意率	13	52%
15	农作物秸秆综合利用率	13	52%
16	无公害、绿色、有机农产品基地比例	13	52%
17	建成区绿化覆盖率	12	48%
18	退化土地恢复率	12	48%
19	主要大气污染物排放量 SO_2、氮氧化物	13	52%
20	村域内工业污染源达标排放率	11	45%
21	工业固体废物综合利用率	11	45%
22	化肥使用强度	11	45%
23	人均耕地面积	11	45%
24	文、教、体、卫设施服务完善度	13	52%

（续表）

序号	指标	统计数	频度值
25	公共交通便利性	9	36%
26	规模化畜禽粪便综合利用率	9	36%
27	历史文化与自然景观保护率	9	36%
28	农村卫生厕所普及率	9	36%
29	主要水污染物排放量化学需氧量	9	36%
30	居民人均可支配收入	8	32%
31	新建绿色建筑比例	8	32%
32	农膜回收率（农用薄膜回收率）	7	28%
33	农药施用强度（折纯）	7	28%
34	农业灌溉水有效利用系数	7	28%
35	碳排放强度	7	28%
36	物种多样性	7	28%
37	遵守节约资源和保护环境村规民约的农户比例	7	28%
38	规划整体合理性	6	25%
39	环保政策宣传效果	6	25%
40	节能节水器具使用率	6	25%
41	村镇环境整洁度	6	25%
42	生活垃圾定点存放清运率	5	20%
43	休闲娱乐设施完善程度	5	20%
44	环保宣传设施覆盖率，内容更新率	5	20%
45	城镇建设风貌与地域自然环境特色协调	4	16%
46	集贸设施功能齐全性	3	12%
47	农田土壤内梅罗指数	3	12%
48	农业生产废弃物资源化率	3	12%
49	生活垃圾分类收集的农户比例	3	12%
50	特色产业	3	12%
51	农田土壤有机质含量	1	5%

3.3.2 理论分析法优选指标

根据理论分析法，删除本表格中部分频数小于 3 个或与绿色生态村镇环境影响侧重点不相吻合的部分指标，即：人均可支配财政收入、电话普及率、政务公开性、刑事案件发生率、路面硬化率、自来水普及率、吸纳外来务工人员的能力、政府管理满意度等。有部分从经济角度来体现村镇发展的指标的频度值虽然较高，但是由于本书是针对对绿色生态村镇环境影响的研究，亦删除此部分指标，如第三产业占 GDP 比重、科技、教育经费占 GDP 比重、人均 GDP、人均居住面积、人均道路面积等。

另外，将部分重复的指标进行整合。例如，将城区 SO_2 浓度整合到主要大气污染物浓度（SO_2、氮氧化物）指标中，将人均医院面积整合到文、教、体、卫设施服务完善度中。由于农村环境综合整治率、村镇环境整洁度等指标过于笼统，无法客观评价，而农村的河塘沟渠能直观反映出村镇的整洁程度，因此将以上两个指标整合到河塘沟渠整治率中。

在频度分析中，涉及城镇的一些指标与村镇不完全符合，因此也需要修改或剔除。如对于行政村来说，空气质量指数（AQI）难以直接获取，在评价过程中一般取地市的空气质量指数，因此难以代表村镇的实际空气质量，故将空气质量指数替换为主要大气污染物浓度（SO_2、氮氧化物），并增加空气质量满意度，以从多维度进行空气质量的评价；人均建设用地面积等指标不能用来准确表述绿色生态村镇对于土地规划方面的要求，而考虑到对环境的影响，因此将其替换为受保护地区占国土面积比例（山区及丘陵区、平原地区），并增加村镇规划、用地的合理性指标；新建绿色建筑比例不符合村镇实际情况，因此，在村镇尺度下，依据《绿色农房建设导则（试行）》修改为绿色农房比例，且增加绿色建材使用比率指标。

3.3.3 实地调研法精选指标

为保证指标的有效性和实用性，课题组特此对相关生态村镇进行实地考察。通过调研村镇环境特点、技术发展、设施建设等来对指标进行精选。比如生活垃圾无害化处理，是指在处理生活垃圾过程中采用先进的工艺和科学的技术，降低垃圾及其衍生物对环境的影响，减少废物排放，做到资源回收利用的过程。但是在目前村镇建设条件下，仅能保证生活垃圾固定存放与定期清运，因此剔除此指标，而增加生活垃圾定点存放清运率指标。

（1）赴国家级生态示范县——福建省屏南县进行实地考察。课题组与屏南县环保局、农业局、水利局、林业局、企业代表等进行座谈会议，深入探讨屏南县在生态示范建设中的规划实施方案、关键技术、政策机制等内容；深入生态示范村熙岭村，进行环境状况和能源利用系统考察。结合指标体系设置调查问卷，从政府角度、农民角度获取指标本底值，确保绿色生态村镇指标目标基础值的科学性和可行性。图 3.2 所示为考察地座谈会现场。

（2）赴国家现代化生态岛区——上海市崇明岛陈家镇、东滩湿地、西滩湿地等生态区域进行实地考察。课题组深入了解陈家镇污水处理厂的污水处理能力、环保贡献率，为绿色生态村镇环境建设中生活污水处理设施提供参考措施。深入了解东滩湿地、西滩湿地等相关环境指标本底值，同样为绿色生态村镇指标的目标基础值提供确定依据。

（3）赴上海市科委崇明生态岛科技促进中心开展调研。课题组与相关专家和项目管理人员交流，讨论崇明生态岛村镇环境规划建设实施中的科技项目和示范工程设置情况，了解自

图 3.2　福建省屏南县座谈会现场

然生态、人居生态、产业生态等三个领域的可持续发展科技支撑体系发展水平，解析《崇明生态岛规划建设纲要（2010—2020)》关于绿色生态指标体系建设目标、框架及其推进措施和保障机制，调研获得了一套完整的生态岛屿型环境指标体系，为课题实施推进提供一个好的案例。

在相关政策影响下，全国各地开展新农村建设，考虑到建筑垃圾对环境的影响日渐凸显，故增加建筑旧材料再利用率指标。绿色生态村镇的建设离不开公众参与，在村镇地区，居民环保意识普遍没有城市居民强，为促进村镇地区居民环保意识提升，在原有公众对环境满意率指标的基础上，增加环保宣传普及率、遵守节约资源和保护环境村民的农户比例等，以突出强调居民对环境所做的贡献。

3.4　村镇资源环境禀赋、村镇建设环境承载力的指标体系类别

近年来，随着我国村镇经济社会的持续快速发展，村镇面临的资源环境约束也持续加剧，迫切需要不断提高资源环境综合承载力，因此有必要单独对村镇资源环境禀赋、村镇建设环境承载进行重点分析。

3.4.1　资源环境禀赋、环境承载力的概念及意义

资源环境禀赋指由于各地区的地理位置、气候条件不同而带来的自然资源蕴藏方面的优势，代表资源环境要素自身条件，一般包括可利用的资源量和环境容量，表示一定区域内某要素承载经济社会活动能力的大小。

资源环境承载力是一个综合性概念，是指在自然生态环境不受危害并维系良好生态系统的前提下，一个区域的资源禀赋和环境容量所能承载的区域经济社会活动的规模。它反映了资源环境对人类经济、社会发展的支持能力，除了受区域资源环境本身状况的制约外，还受区域发展水平、

产业结构特点、科技水平、人口数量与素质，以及人民生活质量等多种因素的影响。环境系统一方面为人类活动提供资源并容纳人类社会的废弃物，为人类活动提供空间载体；另一方面环境系统在组成物质的种类和数量上都存在一定的结构和比例关系，在空间分布上也有特定的规律。但是环境系统维持自身稳定的功能是有一定限度的，从而其对人类社会发展的支持能力也是有限度的，即存在一个支持能力的阈值，这就是所谓的环境承载力。

资源环境禀赋、环境承载力不仅表征自然资源环境的数量、质量，而且能反映社会需求总量。研究适用于村镇资源环境禀赋、村镇建设环境承载力的指标体系类别，是绿色生态村镇生态文明建设与环境健康发展的基础，同时也为绿色生态村镇环境指标体系的架构提供借鉴。在数量、质量和生态并重的格局下，开展绿色生态村镇的资源环境禀赋、环境承载力评价，确定绿色生态村镇在一定时期内的环境承载力阈值，用以指导确定承载对象活动的范围、强度和规模，有利于优化绿色生态村镇的建设格局，控制开发强度与村镇边界及生态保护边界，引导村镇的产业结构调整、人口集聚布局；有利于加强"过程严管"，有效提高绿色生态村镇的资源利用效率和生态保护能力，实现村镇的全面协调可持续发展。针对其中的短板、瓶颈，不断提高绿色生态村镇的环境综合承载力，不断提升村镇资源管理服务水平，促进生产空间集约高效、生活空间宜居适度、生态空间山清水秀，最终落点在绿色生态村镇环境的良好发展。

3.4.2 资源环境禀赋、环境承载力评价的基本原则

评价资源环境禀赋与环境承载力也必须有一套明确的量化指标，指标的选择是资源环境承载力评价的核心部分，是关系到评价结果可信度的关键因素。选取科学合理的环境承载力指标体系应遵循以下基本原则。

1）科学性原则

环境承载力评价指标是采用科学的方法和手段，通过观察、测试、评议等方式得出明确结论的定性或定量指标。指标体系必须遵循经济规律和生态规律，结合环境承载力定量和定性调查研究，能较为客观和真实地反映所研究系统发展演化的状态，从不同角度和侧面进行环境承载力衡量。应坚持科学发展的原则，统筹兼顾，指标过大或过小都不利于做出正确的评价，因此，必须以科学态度选取指标，把握科学发展规律，提高发展质量和效益，以便真实有效地作出评价。

2）系统性原则

资源环境系统是现代资源环境观最核心的观点。"系统性"要求在国土规划中坚持全局意识、整体观念，把资源环境看成人与自然这个大系统中的一个子系统来对待，指标要综合地反映区域资源环境系统中各子系统、各要素相互作用的方式、强度和方向等各方面的内容，是一个受多种因素相互作用、相互制约的系统的量。因此，必须把资源环境视为一个系统问题，并基于多因素

来进行综合评估。

3）综合性原则

任何整体都是由一些要素为实现特定目的综合而成。国土规划作为一项系统性、综合性极强的工作，是由资源、环境等多种要素构成的综合体，这些要素结构联系、领域交叉、跨学科综合，仅仅根据某单一要素进行分析判断，很可能做出不正确甚至错误的判断。国土规划应综合分析、平衡各要素，要考虑周全、统筹兼顾，通过多参数、多标准、多尺度分析、衡量，从整体的联系出发，求得一个最佳的综合效果。

4）层次性原则

层次性是指指标自身的多重性。由于国土规划内容涵盖的多层次性，指标体系也是由多层次结构组成，反映出各层次的特征，同时各个要素相互联系构成一个有机整体，环境承载力是多层次、多因素综合影响和作用的结果，因此，评价体系也应具有层次性，能从不同方面、不同层次反映环境承载能力的实际情况。一是应选择一些从整体层次上把握评价目标的协调程序，以保证评价的全面性和可信度。二是在指标设置上按照指标间的层次递进关系，尽可能层次分明，通过一定的梯度，能准确反映指标间的支配关系，充分落实分层次评价原则。这样既能消除指标间的相容性，又能保证指标体系的全面性、科学性。

5）区域性原则

任何区域系统的系统结构都是一致的，构建的指标体系应在不同区域间具有相同的结构。不同区域之间环境承载力在不同空间、时间上具有较大的差异性，地域性很明显，这种差异很大程度上决定了区域间在环境承载力上的不同，建立指标体系时应包含反映这种区域特色的指标。在环境承载力评价中要坚持区域性原则，因为用统一的标准去衡量区域之间环境承载力将难以充分发挥各地优势，达到资源的节约集约利用和环境的有效保护。即使在相同层次的指标中，环境承载力指标体系也应尽可能反映区域间的差异。

6）动态性原则

整体性的相互联系是在动态中表现出来的。不变的东西是不存在的，作为现实存在的系统，其联系和有序性是变化的。资源环境系统是一种地域性很强的系统，自然资源系统由于自身动因和人的作用在发生着变化，资源环境因子限值也不断被打破。环境承载力就是一个动态发展的变量，由于影响区域和城市地质环境容量的因素始终随时间及周围条件的变化而随机变化，并具有非线性变化规律，环境承载力评价指标应反映出评价目标的动态性特点，作为反映系统特征的指标体系须因时因地制宜性地反映这种动态性变化。

3.4.3 相关指标及描述

资源环境禀赋、环境承载力研究是绿色生态村镇环境总体规划的核心任务之一，其重点任务是分析绿色生态村镇发展的资源环境约束与安全阈值，引导绿色生态村镇的环境建设与产业合理发展。鉴于资源环境禀赋和环境承载力在绿色生态村镇建设中的重要性，所构建的指标体系要能够表现自然资源、环境与生态相关因素的各种要素特点，能够反映村镇土地资源、水资源、大气环境、声环境、矿产资源、生物多样性、生态等资源环境要素的潜力和分布情况。

本书所选择的绿色生态村镇环境指标中与资源环境禀赋和环境承载力相关的指标及描述如表3.2 所列。

表 3.2 资源环境禀赋和环境承载力相关指标及描述

序号	指标项	功能描述
1	可利用土地资源	评价一个村镇剩余或潜在可利用土地资源的承载能力
2	可利用水资源	评价一个村镇剩余或潜在可利用水资源的支撑能力
3	环境容量	评估村镇生态环境不受危害前提下可容纳污染物的能力
4	生态系统脆弱性	表征村镇尺度生态环境脆弱程度的集成性指标

3.5 绿色生态村镇环境指标筛选结果

根据以上筛选结果，本书绿色生态村镇环境指标体系中有关指标共筛选以下五大类，共 45 个指标，见表 3.3。

表 3.3 绿色生态村镇环境指标体系

序号	指标项	功能描述
1	生态环境质量	(1) 受保护地区占国土面积比例 (2) 地表水环境质量 (3) 集中式饮用水水源地水质达标率 (4) 非传统水源利用率 (5) 森林覆盖率 (6) 村镇人均公共绿地面积 (7) 主要大气污染物浓度 (8) 物种多样性指数 (9) 物种多样性
2	产业与经济	(1) 人均休闲娱乐用地面积 (2) 农村生活用能中清洁能源使用率 (3) 节能节水器具使用率 (4) 农业灌溉水有效利用系数 (5) 农民年人均纯收入 (6) 城镇居民年人均可支配收入

序号	指标项	功能描述
3	村镇特色与发展	(1) 空气质量满意度 (2) 环境噪声达标区覆盖率 (3) 特色产业 (4) 环境保护投资占 GDP 比重 (5) 公众对环境的满意率 (6) 环保宣传普及率 (7) 遵守节约资源和保护环境村规民约的农户比例
4	建筑与设施	(1) 村镇规划用地的合理性 (2) 公共服务设施完善度 (3) 公共交通便利性 (4) 农村卫生厕所普及率 (5) 绿色农房比率 (6) 绿色建材使用比率 (7) 建筑旧材料再利用率
5	人类活动影响	(1) 农作物秸秆综合利用率 (2) 生活垃圾定点存放清运率 (3) 生活垃圾资源化利用率 (4) 村镇生活垃圾无害化处理率 (5) 农膜回收率（农用薄膜回收率） (6) 集约化畜禽粪便综合利用率 (7) 化学需氧量（COD）排放强度 (8) 村镇生活污水集中处理率 (9) 村镇污水再生利用率 (10) 退化土地恢复率 (11) 化肥施用强度（折纯） (12) 农药施用强度 (13) 河塘沟渠整治率 (14) 单位 GDP 能耗 (15) 单位 GDP 水耗 (16) 单位 GDP 碳排放量

第 4 章　绿色生态村镇环境指标体系框架

本书第 2 章调研了国内外有关可持续发展、生态村、绿色小镇等多种指标，涉及国家尺度、省级尺度、区县和村镇尺度等多种指标体系。第 3 章经过频度分析法、理论分析法、实地调研法等进行指标的粗选、优选和精选，最终选出适合进行绿色生态村镇环境评价的指标。

如本书 3.5 节，筛选出来的指标有 45 种，而在进行评价的过程中，45 种指标有轻重之分，且对一些相同种类的指标也有轻重之分。在确定哪一些指标相对重要，哪一些相对次重要之前，则需要把这 45 个指标架构成一个体系，本章内容即为绿色生态村镇指标体系框架的构建。

4.1　指标体系构建的基本思路

1）村镇可持续发展指标体系类型

指标体系既要借鉴国内外有关指标体系的经验成果，反映村镇发展的一般规律，关注村镇健康发展的常态问题；又要契合中国绿色村镇发展的自身特点，关注中国特色问题，与《中华人民共和国国民经济和社会发展第十三个五年规划纲要》、可持续发展指标体系、科学发展观评价指标体系、全面建设小康社会指标体系相衔接，确保目标导向一致。

通过本书第 2 章对大量指标体系的分析与调研，可将目前村镇可持续发展指标体系的研究类别大致分为具有代表性的 4 类。

（1）基于可持续发展理论构建的指标体系。绿色生态型村镇的发展不仅要关注生态环境、生活方式和绿色经济，还要注重绿色管理制度和生态文化建设，相关指标体系包括住房和城乡建设部制定的《绿色低碳重点小城镇建设评价指标》和英国环境交通区域部所作的《千年纪村镇与可持续社区发展报告》等。

（2）根据绿色生态村镇建设内容构建的指标体系。该类研究以传统村镇建设内容为基础，融入绿色、生态和低碳等指标，关注产业发展、生态规划、城镇设计、资源利用与废弃物处理、管理与政策保障等方面，相关指标体系有清华大学编制的《绿色小城镇评价标准》、环保部门制定的《国家级生态乡镇建设指标》和《国家级生态村创建标准》等。

（3）以新农村建设的科学内涵为蓝本构建的指标体系。该体系的主要评价内容为生产发展、生活富裕、乡风文明、村容整洁和管理民主等，并融入风貌特色、设施建设等指标单元。

（4）根据公共政策和管理制度构建的指标体系。研究公共政策、管理制度与指标体系之间的关系，注重指标体系的时效性与实际性。绿色生态村镇环境指标体系应以既有的村镇层面指标体系为基础，借鉴相关生态、低碳村镇、绿色小城镇指标体系的构建思路和研究方法，遵从其制定原则及评价机制，充分考虑地域特色，尊重村镇居民的生活现状和实际诉求，覆盖村镇规划工作的核心内容，强化对关键问题的控制力度，达到实际操作性强、有效评价和指引绿色生态村镇环境科学发展的目的。

2）绿色生态村镇环境指标体系的维度

本书所需构建的绿色生态村镇环境指标体系，是用于绿色生态村镇建设过程中及建成后对环境的影响评价的指标体系。绿色生态村镇的发展不仅仅考虑环境条件，还需具备资源条件，同时需要考虑村镇居民的生活质量、生态农业和公众参与等综合因素，在侧重环境影响评价的同时，兼顾资源等因素。本书将绿色生态村镇环境指标体系分为四个方面。

（1）资源节约与利用。资源条件决定村镇的自然承载能力，是村镇环境发展的必要条件。资源节约与利用指标主要是反映村镇人居活动导致的资源环境状态及部分响应措施，可以衡量村镇环境发展模式的先进性。

（2）环境质量与修复。环境条件决定村镇环境的质量和环境安全，是保障村镇居民安全和生活质量的必要条件。环境质量与修复指标主要反映与村镇居民息息相关的自然生态环境所处的状态、容量和承载力以及相应的响应措施，是绿色生态村镇建设成效的最终体现。

（3）生产发展与管理。生产条件决定村镇经济水平和产业状况，是保障村镇居民生活、生产的必要条件。生产发展与管理指标是指为降低和减缓资源环境压力、维护和保育村镇环境质量而采取的具体生产响应措施。

（4）公共服务与参与。公共参与条件反映村镇环境的宣传力度，是确保居民参与环境发展、改善的必要条件。公共服务与参与指标主要衡量居民对村镇环境的参与度以及对环境的满意程度。

4.2 绿色生态村镇环境指标体系框架结构

4.2.1 概述

一个评估模型的框架（framework）就代表着一个概念模型（concept model）。概念模型是理论抽象的结果，需要在实际中去运用和检验，即使它并没有真正反映真实世界的情况，甚至超出了目前认知的范围，但它能够推进人们对现实世界的不断了解。概念模型与真实世界的比较，通常会产生有益的作用力，融合不同的观点和利益，从而改进决策水平。概念模型在实际运用中未必能参与对可持续发展的定量控制，但它至少能够为人们提供解决问题的理念和思想；它还将有助于分辨那些评估所需要的要素，并将其有机地组织起来。

在充分深入绿色生态村镇的内涵、发展要求，以及国家和地方村镇环境指标体系构建思路的基础上，结合绿色生态村镇所在区域的地域特征及发展实际，本章从资源、环境、生产管理、公共参与四个维度进行分析，构建绿色生态村镇环境指标体系，进而综合评价某一村镇的环境是否达到绿色生态村镇的环境标准，或者评价一个环境建设计划是否以建造绿色生态村镇为目的。

目前，有关环境可持续发展指标体系的框架有很多，从各国情况看，比较有影响力的可以分为 4 类，包括：①"压力 - 状态 - 响应"概念模型；②"驱动力 - 状态 - 响应"概念模型；③环境统计开发框架（Framework for the Development of Environment Statistics，FDES）；④可持续发展指标体系的框架（Framework for Indicators of Sustainable Development，FISD）。接下来将依次介绍这四类模型的技术框架。

1）"压力 - 状态 - 响应"概念模型（PSR）

1991 年，由经济合作与发展组织（OECD）与联合国环境规划署（UNEP）合作，共同提出了"压力 - 状态 - 响应"概念模型（图 4.1），它几乎是所有环境指标体系的基础，目前已得到了广泛使用，如欧盟各国就采用 PSR 模型来组织他们的环境统计资料和信息。该模型认识到，为了管理复杂的体系，有关原因（对环境的压力）与结果（环境的状态）的指标都是必需的；为了跟踪那些由环境变化引起的政策选择和其他反应，响应指标也是必需的。在这一框架下，可以制订结构合理的许多种实实在在的指标，对决策者和公众参与者提供环境变化的信息。

很多指标设计项目，采用了压力 - 状态 - 响应模型的一些变量。如：欧盟的环境压力指数，加拿大国家指标体系，荷兰的指标体系，以及美国可持续发展总统委员会的可持续发展指标体系等。

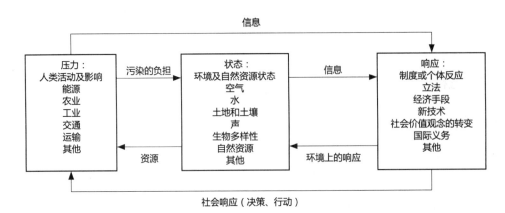

图 4.1 "压力 - 状态 - 响应"（PSR）模型框架

2）"驱动力 – 状态 – 响应"概念模型（DSR）

1996 年，联合国可持续发展委员会（UNCSD）与联合国政策和可持续发展部（DPCSD）对 PSR 模型加以扩充，提出了一个由"驱动力 – 状态 – 响应"概念模型所组成的初步的可持续发展核心指标框架。从大的领域看，该指标体系框架包括经济、社会、环境和机构四大系统，每一部分结合《21 世纪议程》中属于该大类内容的主题章节进行细化，对于每一章节反映的问题再划分出压力指标、状态指标和响应指标。DSR 模型突出了环境受到的压力和环境退化之间的因果关系，因此与可持续发展的环境目标密切相关，受到普遍接受。

3）环境统计开发框架（FDES）

1984 年，联合国统计署（UNSD）发布的《环境统计资料编制纲要》结合介质方法和压力 - 反应方法，开发出环境统计开发框架，如澳大利亚、爱沙尼亚就是采用 FDES 来组织环境统计资料和信息的。FDES 把环境组成成分和信息分类联系起来。环境组成成分说明环境统计的范围（如植物、动物、大气、水、土地和人类居住区）；相关信息则是指社会经济活动和自然事件及其对环境的影响以及公共组织和个人对这些影响的反应。

4）可持续发展指标体系的框架（FISD）

1994 年，联合国统计局（UNSTAT）的彼得·巴特尔穆茨在对环境统计开发框架（FDES）修改的基础上，不用环境因素或环境成分作为划分指标依据，而是以《21 世纪议程》中的主题章节作为可持续发展进程中应考虑的主要问题去对指标进行分类，提出了可持续发展指标体系的框架 FISD。该体系框架在指标的分类上与 PSR 模型很相似，但同 DSR 模型一样，FISD 给出的指标数目较多且混乱。

4.2.2　指标体系的 PSR 框架与指标

通过对以上几种可持续发展指标体系的分析，可以看出 PSR 和 DSR 模型非常相似，均能同时面向人类活动和自然环境，从人类与环境系统的相互作用、相互影响这一角度出发，对环境指标进行分类与组织，具有较强的系统性，可适用于大范围内的环境现象。虽然它们不适用于可持续发展的社会、经济、制度方面，但可用于环境方面指标的构建。经济合作与发展组织（OECD）环境指标项目推荐使用 PSR 模型作为普遍的参考框架，据此建立的环境指标体系不仅具有国际可比性，而且最大限度地满足了各国需求。利用 PSR 模型，能够较为充分地从人类向环境施加的压力、环境质量和自然资源数量的变化、人类社会面对这些变化所做出的反应等方面，综合反映绿色生态村镇环境设过程中的环境和资源问题。另外，鉴于目前环境污染传播的介质不再单一化，显然按照环境介质进行指标分类并不合适，根据环境问题对指标进行分类，不仅有利于更好地发挥 PSR 模型的优越性，还有利于指标的整合。因此，本章采用 PSR 模型构建指标体系。

PSR 概念模型使用了"压力－状态－响应"这一逻辑思维方式，目的是回答发生了什么、为什么发生和人类如何做这三个问题。对于每一个环境问题三个不同但又相互联系的指标类型如下。

●"压力"指标（Pressure）：指作用于环境的人类活动、过程和模式，表征人类对环境资源的直接压力影响，回答系统为什么会发生如此变化的问题。压力指标包括污染物排放指标、自然资源消耗指标及反映人类其他干扰活动的指标。

●"状态"指标（State）：研究区域当前的生态环境状态，反映了那些受到人类活动压力影响的环境要素状态的变化，表征环境质量与自然资源状况，回答系统发生了什么样变化的问题。状态指标包括如土壤结构与功能的变化，水环境状态的变化，大气组成的变化，噪声、固体废物污染状态的变化，森林面积、质量及其生命生态支持功能的变化等。

●"响应"指标（Response）：指环境状态变化引起的政府、企业和公众等的政策选择和所采取的措施，表征环境政策措施中的可量化部分，直接或间接影响前面两项指标，回答应该怎么做的问题。

根据本书第 3 章指标选取结果，对应的压力指标、状态指标、响应指标如表 4.1 所列。

4.3 指标体系的层次结构

绿色生态村镇环境指标体系的层次构成遵从系统学的结构层级和制订原则。在环境指标体系的建立过程中，运用层次分析法，确定指标体系为目标导向，将绿色生态村镇环境指标体系分为四个层次（系统层、目标层、准则层和指标层），层层分解，有助于根据绿色生态村镇环境的变化、发展情况对村镇未来发展趋势进行分析，达到动态管理的目的，见图 4.2。

1）系统层

系统层的内容综合展现了绿色生态村镇环境的发展程度，明确整体态势和发展进程，预估绿色生态村镇环境发展转型的整体效果。

2）目标层

目标层是实现绿色生态村镇环境发展所要达成的目标，展现绿色生态村镇环境发展中各子目标的发展状态与趋势。包括资源节约与利用、环境质量与修复、生产发展与管理、公共服务与参与四部分内容。

3）准则层

路径层是要达成以上目标的路径选择，路径层中的每一项都对应多项指标单元，构成绿色生态村镇环境的控制要素，从本质上体现绿色生态村镇环境的状态。包括土地规划、村镇用地选址

表 4.1　指标体系中"压力 – 状态 – 响应"指标

压力指标	状态指标	响应指标
1. 村镇规划、用地的合理性 2. 化学需氧量（COD）排放强度 3. 化肥施用强度（折纯） 4. 农药施用强度 5. 主要大气污染物浓度（SO₂、氮氧化物） 6. 单位 GDP 能耗 7. 单位 GDP 水耗 8. 单位 GDP 碳排放量 9. 环境保护投资占 GDP 的比重	1. 受保护地区占国土面积比例 　1）山区及丘陵区 　2）平原地区 2. 人均休闲娱乐用地面积 3. 公共交通便利性 4. 绿色农房比率 5. 绿色建材使用比率 6. 农村生活用能中清洁能源使用率 7. 节能节水器具使用率 8. 地表水环境质量，近岸海域水环境质量 9. 集中式饮用水水源地水质达标率 10. 农村饮用水卫生合格率 11. 环境噪声达标区的覆盖率 　1）昼间 　2）夜间 12. 物种多样性指数 　珍稀濒危物种保护率 13. 农民年人均纯收入 　1）经济发达地区 　2）经济欠发达地区 14. 城镇居民年人均可支配收入 　1）经济发达地区 　2）经济欠发达地区 15. 遵守节约资源和保护环境村民的农户比例	1. 公共服务设施完善度 　1）学校服务半径与覆盖比例 　2）养老服务半径与覆盖比例 　3）医院服务半径与覆盖比例 　4）商业服务半径与覆盖比例 2. 农村卫生厕所普及率 3. 农作物秸秆综合利用率、裸野焚烧率 4. 农业灌溉水有效利用系数 5. 非传统水源利用率 6. 生活垃圾定点存放清运率 7. 生活垃圾资源化利用率 　1）东部 　2）中部 　3）西部 8. 村镇生活垃圾无害化处理率 9. 农用塑料薄膜回收率 10. 集约化畜禽养殖场粪便综合利用率 11. 建筑旧材料再利用率 12. 村镇生活污水集中处理率 13. 村镇污水再生利用率 14. 森林覆盖率 　1）山区 　2）丘陵区 　3）平原区 　4）高寒区或草原区林草覆盖率 15. 村镇人均公共绿地面积 16. 退化土地恢复率 17. 空气质量满意度 18. 河塘沟渠整治率 19. 特色产业 20. 主要农产品中有机、绿色及无公害产品种植面积的比重 21. 公众对环境的满意率 22. 环保宣传普及率

与功能分区、社区与农房建设、清洁能源利用与节能、水资源利用、废弃物处理与资源化、污水处理等路径。

4）指标层

指标层是将指标落实到总体规划阶段、控制性详细规划阶段和修建性详细规划阶段，主要用来反映各准则层的具体内容，它是由各单项指标来体现的。在指标设计的过程中，不仅要静态反映主要指标情况和现有的可持续发展情况，而且还要动态反映规划实施后的变化趋势以及影响程度。

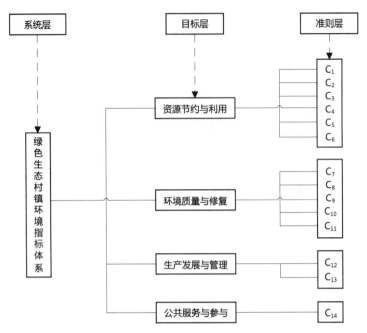

图 4.2　绿色生态村镇环境指标体系的层次划分

4.4　绿色生态环境指标体系框架构建

在确定指标体系总体框架的基础上，明确了建立绿色生态村镇环境指标体系的递阶层次结构，并且在充分掌握各个指标项的单位、现状以及标准值的情况下，最终建立了比较完整的绿色生态村镇环境指标体系，如表 4.2 所列。其中，目标层包括资源节约与利用、环境质量与修复、生产发展与管理和公共服务与参与四个部分，下设 15 个准则层、45 个调控和评估绿色生态村镇环境的指标层。

表 4.2　绿色生态村镇环境指标体系指标表

系统层	目标层	准则层	编号	指标层	
绿色生态村镇环境指标体系	资源节约与利用	土地规划	1	村镇规划、用地的合理性	
			2	受保护地区占国土面积比例	山区及丘陵区
					平原地区
		村镇用地选址与功能分区	3	公共服务设施完善度	学校服务半径与覆盖比例
					养老服务半径与覆盖比例
					医院服务半径与覆盖比例
					商业服务半径与覆盖比例

（续表）

系统层	目标层	准则层	编号	指标层			
绿色生态村镇环境指标体系	资源节约与利用	村镇用地选址与功能分区	4	人均休闲娱乐用地面积			
			5	公共交通便利性			
		社区与农房建设	6	农村卫生厕所普及率			
			7	绿色农房比率			
			8	绿色建材使用比率			
		清洁能源利用与节能	9	农村生活用能中清洁能源使用率			
			10	农作物秸秆综合利用率、裸野焚烧率			
			11	节能节水器具使用率			
		水资源利用	12	地表水环境质量、近岸海域水环境质量			
			13	集中式饮用水水源地水质达标率、农村饮用水卫生合格率			
			14	农业灌溉水有效利用系数			
			15	非传统水源利用率			
		废弃物处理与资源化	16	生活垃圾定点存放清运率			
			17	生活垃圾资源化利用率	东部		
					中部		
					西部		
			18	城镇生活垃圾无害化处理率			
			19	农用塑料薄膜回收率			
			20	集约化畜禽养殖场粪便综合利用率			
			21	建筑旧材料再利用率			
	环境质量与修复	污水处理	22	化学需氧量（COD）排放强度			
			23	村镇生活污水集中处理率			
			24	村镇污水再生利用率			

(续表)

系统层	目标层	准则层	编号	指标层		
绿色生态村镇环境指标体系	环境质量与修复	环境修复	25	森林覆盖率		山区
						丘陵区
						平原地区
						高寒区或草原区林草覆盖率
			26	城镇人均公共绿地面积		
			27	退化土地恢复率		
			28	化肥施用强度（折纯）		
			29	农药施用强度		
		空气质量	30	主要大气污染物排放量		SO$_2$
						氮氧化物
			31	空气质量满意度		
		声环境	32	环境噪声达标区的覆盖率		昼间
						夜间
		生态景观	33	物种多样性指数、珍稀濒危物种保护率		
			34	河塘沟渠整治率		
绿色生态村镇环境指标体系	生产发展与管理	清洁生产与低碳发展	35	农民年人均可支配收入		经济发达地区
						经济欠发达地区
			36	城镇居民年人均可支配收入		经济发达地区
						经济欠发达地区
			37	特色产业		
			38	单位 GDP 能耗		
			39	单位 GDP 水耗		
			40	单位 GDP 碳排放量		
		生态环保产业	41	环境保护投资占 GDP 的比重		
			42	主要农产品中有机、绿色及无公害产品种植面积的比重		
	公共服务与参与	公众参与度	43	公众对环境的满意率		
			44	环保宣传普及率		
			45	遵守节约资源和保护环境村民的农户比例		

第 5 章　绿色生态村镇环境指标释义及基础值

指标体系构建完成，如何利用指标体系对某一个新建的、改建的或者已建成的村镇进行环境评价，是另一重要难题。指标具体内涵，指标值的获取途径，指标的参考值等，都需要一一进行说明。本章主要内容是对绿色生态村镇环境指标体系中的 45 个指标进行释义，阐明指标的内涵，所指的具体内容，以及指标值可能的数据来源途径等。另外，关于指标基础值的确定，本章通过分析对比《中国美丽乡村建设指南》《生态县、生态市、生态省建设指标（试行）》等多项关于环境类的指标体系，有关可持续发展、绿色生态等研究相关论文与政府工作报告等，结合实地调研等方法加以确定。

5.1　指标释义

1）村镇规划、用地的合理性

指标解释：村镇总体规划和详细规划已依法编制、审批并公布；各层次村镇规划的编制符合《村镇规划标准》（GB 50188—2007）和相关规范的要求。

数据来源：规划、住建、统计等部门。

2）受保护地区占国土面积比例

指标解释：指辖区内各类（级）自然保护区、风景名胜区、森林公园、地质公园、生态功能保护区、水源保护区、封山育林地等面积占全部陆地（湿地）面积的百分比。

数据来源：统计、环保、建设、林业、国土资源、农业等部门。

3）公共服务设施服务完善度

指标解释：居住区公共服务设施具有较好的便捷性。完善度从四个方面评价：①学校服务半径及所覆盖的用地面积占居民区总用地面积的比例；②养老服务设施服务半径及所覆盖的用地面积占居民区总用地面积的比例；③医院等卫生服务半径及所覆盖的用地面积占居民区总用地面积的比例；④商业服务设施服务半径及所覆盖的用地面积占居民区总用地面积的比例。

数据来源：规划、文化、教育、住建、卫生、商业、统计等部门。

4）人均休闲娱乐用地面积

指标解释：休闲娱乐用地指建有老年及青少年活动室、面积较宽裕、设施配套完整的球类练习室或其他活动室。

数据来源：规划、统计等部门。

5）公共交通便利性

指标解释：公共交通可达性良好。以公交站点 500 m 半径范围内可覆盖的村镇生活区和工作区面积占总生活区和工作区的面积比例来评价。

数据来源：交通、统计等部门。

6）农村卫生厕所普及率

指标解释：指村镇内使用卫生厕所的农户数占农户总户数的百分比。卫生厕所标准执行《农村户厕卫生标准》（GB 19379—2003）。

计算公式：

$$农村卫生厕所普及率 = \frac{使用卫生厕所的农户数（户）}{村庄农户总数} \times 100\% \tag{5.1}$$

数据来源：卫生计生等部门。

7）绿色农房比率

指标解释：指村镇内绿色农房占全部农房的比例。绿色农房指符合《绿色农房建设导则（试行)》的农村住房。

计算公式：

$$绿色农房比率 = \frac{绿色农房数}{农房总数} \times 100\% \tag{5.2}$$

数据来源：住建、环保等部门。

8）绿色建材使用比率

指标解释：指村镇内绿色建材的使用量占总建材使用量的百分比。绿色建材指在全生命周期内可减少对天然资源消耗和减轻对生态环境影响，具有"节能、减排、安全、便利和可循环"特征的建材产品。

计算公式：

$$绿色建材使用比率 = \frac{绿色建材使用量}{总建材使用量} \times 100\% \tag{5.3}$$

数据来源：统计、环保、住建等部门。

9）农村生活用能中清洁能源使用率

指标解释：村镇内使用清洁能源的户数占村总户数的比例。清洁能源指消耗后不产生或很少产生污染物的可再生能源（包括水能、太阳能、生物质能、风能、潮汐能等）和使用低污染的化石能源（如天然气）以及采用清洁能源技术处理后的化石能源（如清洁煤、清洁油）。

计算公式：

$$农村生活用能中清洁能源使用率 = \frac{使用清洁能源的农户数（户）}{村庄农户总数} \times 100\% \qquad (5.4)$$

数据来源：发改、农业、环保等部门。

10）农作物秸秆综合利用率、裸野焚烧率

指标解释：农作物秸秆综合利用率指综合利用的秸秆数量占秸秆总量的比例。秸秆综合利用主要包括粉碎还田、过腹还田、用作燃料、秸秆气化、建材加工、食用菌生产、编织等。村域内全部范围划定为秸秆禁烧区，并无农作物秸秆焚烧现象。

计算公式：

$$秸秆综合利用率 = \frac{综合利用的秸秆数量}{农村秸秆总量} \times 100\% \qquad (5.5)$$

数据来源：发改、农业、环保、公安等部门。

11）节能节水器具使用率

指标解释：村镇内使用节能节水器具的户数占村总户数的比例。节水器具指符合《节水型生活用水器具》（CJ 164—2002）标准的器具，如节水型大、小便器，节水型水龙头，节水型沐浴器，节水型配水器材。

计算公式：

$$节能节水器具使用率 = \frac{使用节能节水器具的农户数（户）}{村庄农户总数} \times 100\% \qquad (5.6)$$

数据来源：卫生、环保、统计部门，或现场调研。

12）地表水环境质量、近岸海域水环境质量

指标解释：根据水的使用情况如饮用水、生产用水、生活用水、景观用水等的不同要求，同时根据水质情况，将水资源区分为不同的水功能区。按规划的功能区要求达到相应的国家水环境或海水环境质量标准。目前采用《地表水环境质量标准》（GB 3838—2002）和《海水水质标准》（GB 3097—1997）。

数据来源：环保等部门。

13）集中式饮用水水源地水质达标率、农村饮用水卫生合格率

指标解释：集中式饮用水水源地水质达标率是指，在村镇辖区内，根据国家有关规定，划

定了集中式饮用水水源保护区，其地表水水源一级、二级保护区内监测认证点位（指经乡镇所在县级以上环保局认证的监测点，下同）的水质达到《地表水环境质量标准》（GB 3838—2002）或《地下水质量标准》（GB/T 14848—1993）相应标准的取水量占总取水量的百分比。

农村饮用水卫生合格率指，在村镇辖区内，以自来水厂或手压井形式取得饮用水的村镇人口占总人口的百分率；雨水收集系统和其他饮水形式的合格与否需经检测确定，其饮用水水质需符合国家生活饮用水卫生标准的规定。

村镇饮用水卫生合格率

计算公式：

$$集中式饮用水水源达标率 = \frac{各饮用水水源地取水水质达标量之和}{各饮用水水源地取水量之和} \times 100\% \qquad (5.7)$$

$$村镇饮用水卫生合格率 = \frac{取得合格饮用水农村人口数}{农村人口总数} \times 100\% \qquad (5.8)$$

数据来源：环保、卫生等部门。

14）农业灌溉水有效利用系数

指标解释：指在一次灌水期间被农作物利用的净水量与水源渠首处总引进水量的比值。它是衡量灌区从水源引水到田间的过程中水利用程度的一个重要指标，也是集中反映灌溉工程质量、灌溉技术水平和灌溉用水管理的一项综合指标，是评价农业水资源利用，指导节水灌溉和大中型灌区续建配套及节水改造健康发展的重要参考。

数据来源：农业等部门。

15）非传统水源利用率

指标解释：指采用再生水、雨水等非传统水源代替市政供水或地下水供给景观、绿化、冲厕等杂用的水量占总用水量的百分比。

计算公式：

$$非传统水源利用率 = \frac{非传统水源杂用水量（吨）}{总用水量（吨）} \times 100\% \qquad (5.9)$$

数据来源：水利、统计等部门。

16）生活垃圾定点存放清运率

指标解释：指村镇生活垃圾定点存放清运量占生活垃圾产生总量的比例。

计算公式：

$$生活垃圾定点存放清运率 = \frac{生活垃圾定点存放清运量（吨）}{生活垃圾产生总量（吨）} \times 100\% \qquad (5.10)$$

数据来源：住建（环卫）、统计等部门。

17）生活垃圾资源化利用率

指标解释：指村镇内经资源化利用的生活垃圾数量占生活垃圾产生总量的百分比。生活垃圾资源化利用指在开展垃圾"户分类"的基础上，对不能利用的垃圾定期清运并进行无害化处理，对其他垃圾通过制造沼气、堆肥或资源回收等方式，按照"减量化、无害化"的原则实现生活垃圾资源化利用。

计算公式：

$$生活垃圾资源化利用率 = \frac{生活垃圾资源化利用量（吨）}{生活垃圾产生总量（吨）} \times 100\% \qquad (5.11)$$

数据来源：住建（环卫）、统计等部门。

18）村镇生活垃圾无害化处理率

指标解释：指村镇内经无害化处理的生活垃圾数量占生活垃圾产生总量的百分比。生活垃圾无害化处理指卫生填埋、焚烧和资源化利用（如制造沼气和堆肥）。

卫生填埋场应有防渗设施，或达到有关环境影响评价的要求（包括地点及其他要求）。执行《生活垃圾填埋场污染控制标准》（GB 16889—2008）和《生活垃圾焚烧污染控制标准》（GB 18485—2001）等垃圾无害化处理的有关标准。

计算公式：

$$生活垃圾无害化处理率 = \frac{生活垃圾无害化处理量（吨）}{生活垃圾产生总量（吨）} \times 100\% \qquad (5.12)$$

数据来源：住建（环卫）、统计等部门。

19）农用塑料薄膜回收率

指标解释：指农业生产活动中所用塑料薄膜（如用于育种、育苗、覆盖土地、塑料大棚、蘑菇生产等所使用塑料薄膜及塑料膜）回收的数量占所用薄膜总量的比例。

计算公式：

$$农用塑料薄膜回收率 = \frac{回收薄膜总量}{使用薄膜总量} \times 100\% \qquad (5.13)$$

数据来源：农业、统计、生产资料等部门。

20）集约化（规模化）畜禽养殖场粪便综合利用率

指标解释：指集约化畜禽养殖场综合利用的畜禽粪便量与畜禽粪便产生总量的比例。按照《畜禽养殖业污染物排放标准》（GB 18596）和《畜禽养殖污染防治管理办法》执行。畜禽粪便综合利用主要包括直接用作肥料、制作有机肥、培养料、生产回收能源（包括沼气）等。

计算公式：

$$集约化畜禽养殖场粪便综合利用率 = \frac{综合利用的畜禽粪便量}{畜禽粪便产生总量} \times 100\% \tag{5.14}$$

数据来源：环保、农业等部门。

21）建筑旧材料再利用率

指标解释：指再利用的建筑旧材料占所有建筑旧材料的质量比例。

计算公式：

$$建筑旧材料再利用率 = \frac{再利用的建筑旧材料}{所有建筑旧材料} \times 100\% \tag{5.15}$$

数据来源：环保、住建等部门。

22）化学需氧量（COD）排放强度

指标解释：指单位 GDP 产生的污水所对应的化学需氧量（COD），是反映随经济发展造成环境污染程度的指标。

计算公式：

$$主要污染物排放强度（kg/万元） = \frac{全年 COD 排放总量（kg）}{全年国内生产总值（万元）} \times 100\% \tag{5.16}$$

数据来源：环保等部门。

23）村镇生活污水集中处理率

指标解释：指村镇建成区内经过污水处理厂二级或二级以上处理，或其他处理设施处理（相当于二级处理），且达到排放标准的生活污水量与村镇建成区生活污水排放总量的百分比。

污水处理厂包括采用活性污泥、生物滤池、生物接触氧化加人工湿地、土地快渗、氧化塘等组合工艺的一级、二级集中污水处理厂，其他处理设施包括氧化塘、氧化沟、净化沼气池，以及小型湿地处理工程等分散设施。依据《城镇排水与污水处理条例》，统筹城乡排水和污水处理相关规划，加强城乡排水和污水处理设施建设，离城市较近村庄生活污水要纳入城市污水收集管网，其他地区根据经济发展水平、人口规模和分布情况等，因地制宜选择建设集中或分散污水处理设施；位于水源源头、集中式饮用水水源保护区等需特殊保护地区的村庄，生活污水处理必须采取有效的脱氮除磷工艺，满足水环境功能区要求。生活污水产生量小且无污水外排的地区，不考核该指标。

计算公式：

$$生活污水集中处理率 = \frac{\begin{array}{c}（二级污水处理厂处理量＋一级污水处理厂、排江、排海\\ 工程处理量 \times 0.7 + 氧化塘、氧化沟、及湿地处理量 \times 0.5）\end{array}}{城镇建成区生活污水排放总量（吨）} \times 100\% \quad (5.17)$$

数据来源：住建、环保等部门。

24）村镇污水再生利用率

指标解释：村镇内对生活污水进行再利用的户数占村总户数的百分比。

计算公式：

$$村镇污水再利用率 = \frac{再利用生活污水的农户数（户）}{村镇总农户数（户）} \times 100\% \quad (5.18)$$

数据来源：环保等部门。

25）森林覆盖率

指标解释：指森林面积占土地面积的比例，具体计算按林业部门规定进行。对于高寒或草原地区，计算其林草覆盖率。林草覆盖率指村镇内林地、草地面积之和与村庄总土地面积的百分比。

计算公式：

$$森林覆盖率 = \frac{森林面积（hm^2）}{土地面积（hm^2）} \times 100\% \quad (5.19)$$

$$林草覆盖率 = \frac{林草地面积之和（hm^2）}{村土地总面积（hm^2）} \times 100\% \quad (5.20)$$

数据来源：林业、农业、国土等部门。

26）村镇人均公共绿地面积

指标解释：《国务院关于加强城市建设的通知》中要求：到 2005 年，全国城市规划人均公共绿地面积达到 8 m² 以上；到 2010 年，人均公共绿地面积达到 10 m² 以上。具体计算时，公共绿地包括：公共人工绿地、天然绿地，以及机关、企事业单位绿地。

数据来源：环保、统计、城建等部门。

27）退化土地恢复率

指标解释：土地退化是指由于使用土地或由于一种营力或数种营力结合致使雨浇地、水浇地或草原、牧场、森林和林地的生物或经济生产力和复杂性下降或丧失，其中主要包括：①风蚀和水蚀致使土壤物质流失；②土壤的物理、化学和生物特性或经济特性退化；③自然植被长期丧失。本指标计算以水土流失为例，水利部规定小流域侵蚀治理达标标准是：土壤侵蚀治理程度达 70%。其他土地退化，如沙漠化、盐渍化、矿产开发引起的土地破坏等也可类推。

计算公式：

$$退化土地恢复率 = \frac{已恢复的退化土壤总面积（hm^2）}{退化土地总面积（hm^2）} \times 100\% \qquad (5.21)$$

数据来源：水利、林业、国土、农业等部门。

28）化肥施用强度（折纯）

指标解释：指一年内单位耕地面积的化肥施用量。化肥施用量按折纯量计算。折纯量是指将氨肥、磷肥、钾肥分别按氮、五氧化二磷、氧化钾的量进行折算后的数量。复合肥按其所含主要成分折算。

计算公式：

$$化肥施用强度（kg/hm^2）= \frac{化肥施用量（折纯）（kg）}{耕地面积（hm^2）} \times 100\% \qquad (5.22)$$

数据来源：农业等部门。实际考核时，可采用抽样调查方式获得。

29）农药施用强度（折纯）

指标解释：指每年实际用于农业生产的农药施用量与耕地总面积之比。

计算公式：

$$农药施用强度（kg/hm^2）= \frac{农药施用量（折纯）（kg）}{耕地总面积（hm^2）} \times 100\% \qquad (5.23)$$

数据来源：统计、农业等部门。

30）主要大气污染物浓度

指标解释：根据《环境空气质量指数（AQI）技术规定（试行）》（HJ 633—2012）考核大气中 SO_2 和氮氧化物的浓度。《环境空气质量指数（AQI）技术规定（试行）》将空气质量划分为六档。

空气污染指数为 0~50，空气质量级别为一级，空气质量状况属于优，此时空气质量令人满意，基本无空气污染，各类人群可正常活动；空气污染指数为 51~100，空气质量级别为二级，空气质量状况属于良，此时空气质量可接受，但某些污染物可能对极少数异常敏感人群健康有较弱影响，建议极少数异常敏感人群应减少户外活动。良及良以上对应的污染物浓度为 $SO_2 \leqslant 500 \ \mu g/m^3$（1 h 平均值），$NO_2 < 200 \ \mu g/m^3$（1 h 平均值）。

数据来源：气象、统计等部门。

31）空气质量满意度

指标解释：反映了村镇居民对空气质量的满意程度。

计算公式：

$$村民对空气质量满意率 = \frac{问卷结果为 “满意” 的问卷数（份）}{问卷发放总数（份）} \times 100\% \qquad (5.24)$$

调查方式：采取对乡镇辖区各职业人群进行抽样问卷调查的方式获取数据，随机抽样人数不低于乡镇总人口的 0.5%。问卷在 “满意” “不满意” 二者之间进行选择。各职业人群应包括以下四类，即机关（党委、人大、政府或政协）工作人员、企业（工业、商业）职工、事业（医院、学校等）单位工作人员、城镇居民与村民。

数据来源：问卷调查，或委托国家统计局直属调查队得到调差结果。

32）环境噪声达标区的覆盖率

指标解释：指村镇建成区内，已建成的环境噪声达标区面积占建成区总面积的百分比。目前采用《城市区域环境噪声标准》（GB 3006—93）。《浙江省美丽乡村建设规范》达到功能区标准。

计算方法：

$$噪声达标区覆盖率 = \frac{噪声达标区面积之和 \ m^2}{建成区总面积 \ m^2} \times 100\% \qquad (5.25)$$

数据来源：环保部等门。

33）物种多样性指数、珍稀濒危物种保护率

指标解释：物种多样性是生物多样性的重要组成部分，是衡量一个地区生态保护、生态建设与恢复水平的指标。生物多样性的计算和表示十分复杂，至今未见统一的标准，特别是基因多样性和生态系统多样性的测定和确定，一般单位也难以完成，所以这里以物种多样性为代表，而暂不考虑基因及生态系统的多样性。珍惜濒危物种保护率指凡是列入国家珍稀濒危物种名录的珍贵、稀有和濒临绝种的动植物种得到有效保护的比例。

计算公式：

$$物种多样性指数 = \frac{考核验收年动植物物种数（个）}{基准年动植物物种数（个）} \times 100\% \qquad (5.26)$$

（基准年为生态省建设规划开始实施的前 1 年）

数据来源：林业、环保、农业等部门。

34）河塘沟渠整治率

指标解释：指村庄内完成整治河道、水塘、沟和渠的数量占村庄河道、水塘、沟和渠总数的百分比。

河道指《河道等级划分办法》（水利部水管〔1994〕106 号）确定的四级（含）以上的河道。塘、沟和渠分别指村域视线范围内的主要水塘、水沟和水渠等。河塘沟渠整治指村域内的河道、塘、沟和渠开展了截污治污、拆除违章、清淤疏浚、环境卫生治理、河岸生态化改造等的治理内容。

完成整治的河道、塘、沟和渠需净化整洁、无淤积、无臭味、无白色污染、无垃圾杂物等。

计算公式：

$$河塘沟渠整治率 = \frac{完成整治的河道、水塘、沟和渠数量（个）}{河道、水塘、沟和渠总数（个）} \times 100\% \qquad (5.27)$$

数据来源：水利、环保等部门，现场检查。

35）农民年人均纯收入

指标解释：指乡镇辖区内农村常住居民家庭总收入中，扣除从事生产和非生产经营费用支出、缴纳税款、上缴承包集体任务金额以后剩余的，可直接用于进行生产性、非生产性建设投资、生活消费和积蓄的那一部分收入。

数据来源：统计等部门。

36）城镇居民年人均可支配收入

指标解释：指城镇居民家庭在支付个人所得税、财产税及其他经常性转移支出后所余下的人均实际收入。

数据来源：统计等部门。

37）特色产业

指标解释：村镇特色产业就是要以"特"制胜的产业。是一个村镇在长期的发展过程中所积淀、成型的一种或几种特有的资源、文化、技术、管理、环境、人才等方面的优势，从而形成的具有国际、本国或本地区特色的具有核心市场竞争力的产业或产业集群。包括产业发展型、生态保护型、城郊集约型、资源整合型、高效农业型、休闲旅游型和文化传承型等。

数据来源：商业、文化等部门。

38）单位 GDP 能耗

指标解释：指万元国内生产总值的耗能量。

计算公式：

$$单位\ GDP\ 能耗\ （吨标煤\ /\ 万元）= \frac{总能耗（吨标煤）}{国内生产总值（万元）} \times 100\% \qquad (5.28)$$

数据来源：统计等部门。

39）单位 GDP 水耗

指标解释：指万元国内生产总值的耗水量。

计算公式：

$$单位\ GDP\ 水耗\ （m^3/\ 万元）= \frac{总水耗（m^3）}{国内生产总值（万元）} \times 100\% \qquad (5.29)$$

数据来源：统计等部门。

40）单位 GDP 碳排放量

指标解释：指万元国内生产总值的碳排放量。

计算公式：

$$单位\ GDP\ 碳排放量\ （吨\ /\ 万元）= \frac{总碳排放（吨）}{国内生产总值（万元）} \times 100\% \qquad (5.30)$$

数据来源：统计等部门。

41）环境保护投资占 GDP 的比重

指标解释：环境保护投资指社会各有关投资主体从社会积累基金和各种补偿基金中，拿出的用于防治环境污染、维护生态平衡及其相关联的经济活动的部分。其目的是促进经济建设与环境保护的协调发展，使环境得到保护和改善，是国民经济和社会发展固定资产投资的重要组成部分。

数据来源：经贸、环保、统计等部门。

42）主要农产品中有机、绿色及无公害产品的比重

指标解释：指稻米、小麦、玉米、棉花、油料作物、蔬菜、水果等主要农产品中，认证为有机及绿色农产品的产值占总产值的比重。

数据来源：农业、环保等部门。

43）公众对环境的满意率

指标解释：指村庄居民对环境保护工作及生态环境状况的满意程度。

计算公式：

$$村民对环境状况满意率 = \frac{问卷结果为"满意"的问卷数（份）}{问卷发放总数（份）} \times 100\% \qquad (5.31)$$

调查方式：采取对乡镇辖区各职业人群进行抽样问卷调查的方式获取数据，随机抽样人数不低于乡镇总人口的 0.5%。问卷在"满意""不满意"二者之间进行选择。各职业人群应包括以下四类，即机关（党委、人大、政府或政协）工作人员、企业（工业、商业）职工、事业（医院、学校等）单位工作人员、城镇居民与村民。

数据来源：问卷调查，或委托国家统计局直属调查队得到调查结果。

44）环保宣传普及率

指标解释：环保宣传普及率指中小学开展环境保护知识讲座学校所占比例，以及其他科普宣传中，涉及有关环境保护内容的比例之和。

数据来源：宣传、教育、环保等部门。

45）遵守节约资源和保护环境村民的农户比例

指标解释：指村域内遵守节约资源和保护环境村规民约的农户数占总户数的比例。节约资源和保护环境的村规民约指村庄依据国家方针政策和法律法规，结合本村实际，从维护本村的社会秩序以及引导村民节约资源和保护环境等方面制订规范村民行为的一种规章制度。

计算公式：

$$遵守节约资源和保护环境村民的农户比例 = \frac{遵守节约资源和保护环境村规民约的农户数（户）}{村庄农户总数（户）} \times 100\% \qquad (5.32)$$

数据来源：问卷调查，查阅村规民约，现场走访、察看。

5.2 指标重点研究文献介绍

1）《美丽乡村建设指南》

美丽乡村是指经济、政治、文化和生态文明协调发展，规划科学，生产发展，生活富裕，乡村文明，村容整洁，管理民主，宜居、宜业的可持续发展乡村（包括建制村和自然村）。坚持政府引导、村民主体、以人为本、因地制宜的原则，持续改善农村人居环境；规划先行，统筹兼顾，生产、生活、生态和谐发展；村务管理民主规范，村民参与积极性高；集体经济发展，公共服务改善，村民生活品质提升。

2)《生态县、生态市、生态省建设指标（试行）》

生态县（含县级市）是社会经济和生态环境协调发展，各个领域基本符合可持续发展要求的县级行政区域。生态县是县级规模生态示范区建设发展的最终目标。

生态市（含地级行政区）是社会经济和生态环境协调发展，各个领域基本符合可持续发展要求的地市级行政区域。生态市是地市规模生态示范区建设的最终目标。生态市的主要标志是：生态环境良好并不断趋向更高水平的平衡，环境污染基本消除，自然资源得到有效保护和合理利用；稳定可靠的生态安全保障体系基本形成；环境保护法律、法规、制度得到有效的贯彻执行；以循环经济为特色的社会经济加速发展；人与自然和谐共处，生态文化有长足发展；城市、乡村环境整洁优美，人民生活水平全面提高。

生态省是社会经济和生态环境协调发展，各个领域基本符合可持续发展要求的省级行政区域。生态省建设的具体内涵是运用可持续发展理论和生态学与生态经济学原理，以促进经济增长方式的转变和改善。以环境质量为前提，抓住产业结构调整这一重要环节，充分发挥区域生态与资源优势，统筹规划和实施环境保护、社会发展与经济建设，基本实现区域社会经济的可持续发展。

3)《国家级生态乡镇建设指标》

国家级生态镇原名全国环境优美乡镇，其创建工作是建设国家生态市的重要基础，是推动农村环境保护工作的重要载体。基本要求有五方面。

（1）机制健全。建立乡镇环境保护工作机制，成立以乡镇政府领导为组长，相关部门负责人为成员的乡镇环境保护工作领导小组。乡镇设置专门的环境保护机构或配备了专职环境保护工作人员，建立相应的工作制度。

（2）基础扎实。达到本省（区、市）生态乡镇（环境优美乡镇）建设指标一年以上，且 80% 以上行政村达到市（地）级以上生态村建设标准。编制或修订了乡镇环境保护规划，并经县级人大或政府批准后组织实施两年以上。

（3）政策落实。完成上级政府下达的主要污染物减排任务。认真贯彻执行环境保护政策和法律法规，乡镇辖区内无滥垦、滥伐、滥采、滥控现象，无捕杀、销售和食用珍稀野生动物现象，近 3 年内未发生较大（Ⅲ级以上）级别环境污染事件。基本农田得到有效保护。草原地区无超载过牧现象。

（4）环境整洁。乡镇建成区布局合理，公共设施完善，环境状况良好。村庄环境无"脏、乱、差"现象，秸秆焚烧和"白色污染"基本得到控制。

（5）公众满意。乡镇环境保护社会氛围浓厚，群众反映的各类环境问题得到有效解决。公众对环境状况的满意率 ≥ 95%。

4)《国家生态文明建设示范村镇指标（试行）》

对于生态文明建设示范村，基本要求有以下五方面。

（1）基础扎实。制订国家生态文明建设示范村规划或方案，并组织实施。村庄环境综合整治长效管理机制健全，建立制度，配备人员，落实经费。村庄配备环保与卫生保洁人员，协助开展生态环境监管工作，比例不低于常住人口的 2‰。

（2）生产发展。主导产业明晰，无农产品质量安全事故。辖区内的资源开发符合生态文明要求。农业基础设施完善，基本农田得到有效保护，林地无滥砍、滥伐现象，草原无乱垦、乱牧和超载过牧现象。有机农业、循环农业和生态农业发展成效显著。工业企业向园区集聚，建设项目严格执行环境管理有关规定，污染物稳定达标排放，工业固体废物和医疗废物得到妥当处置。农家乐等乡村旅游健康发展。

（3）生态良好。村域内水源清洁、田园清洁、家园清洁，水体、大气、噪声、土壤环境质量符合功能区标准并持续改善。未划定环境质量功能区的，满足国家相关标准的要求，无黑臭水体等严重污染现象。村容村貌整洁有序，生产生活合理分区，河塘沟渠得到综合治理，庭院绿化美化。近三年无较大以上级别环境污染事件，无露天焚烧农作物秸秆现象，环境投诉案件得到有效处理。属国家重点生态功能区的，所在县域在国家重点生态功能区县域生态环境质量考核中生态环境质量不变差。

（4）生活富裕。农民人均纯收入逐年增加。住安全房、喝干净水、走平坦路，用水、用电、用气、通信等生活服务设施齐全。新型农村社会养老保险和新型农村合作医疗全覆盖。

（5）村风文明。节约资源和保护环境的村规民约深入人心。邻里和睦，勤俭节约，反对迷信，社会治安良好，无重大刑事案件和群体性事件。历史文化名村、古街区、古建筑、古树名木得到有效保护，优秀的传统农耕文化得到传承。村级组织健全，领导有力，村务公开，管理民主。

5）《绿色生态城区评价标准》

绿色生态城区指在空间布局、基础设施、建筑、交通、产业配套等方面，按照资源节约环境友好的要求进行规划、建设、运营的城市开发区、功能区和新城区等。

（1）绿色生态城区规划设计评价阶段应满足以下四个条件。

- 城区已按绿色、生态、低碳理念编制完成总体规划、控制性详细规划以及建筑、市政、交通、能源、水资源利用等专项规划，并建立相应的指标体系。
- 城区内新建建筑全面执行现行国家标准《绿色建筑评价标准》（GB/T 50378—2014）中的一星级及以上的评价标准。
- 城区两年内绿色建筑开工建设规模不少于 200 万 m^2。
- 制定规划设计评价后三年的实施方案。

（2）绿色生态城区实施运管评价阶段应满足以下五个条件。

- 城区内主要道路、管线、水体等建成并投入使用。
- 城区内主要城市设施建成并投入使用。
- 城区内不少于 200 万 m^2 建筑建成并投入使用一年及以上。

- 城区内具备涵盖绿色生态城区主要实施运管数据的监测或评估系统。
- 规划设计评价制定的后三年的实施方案完成率达到 80%。

6）《美丽乡村建设规范——浙江省地方标准》

浙江省在总结提炼安吉县美丽乡村建设成功经验的基础上，为配合《浙江省美丽乡村建设行动（2011—2015 年）》的贯彻落实，于 2014 年 3 月发布推荐性地方标准《美丽乡村建设规范》（DB33/T 912—2014）（以下简称《规范》），首次以标准的形式，系统地阐述了美丽乡村的内涵和外延。标准的核心和重点落于生态环境、经济发展、社会事业发展、文化建设方面。强调了规划引领对于美丽乡村建设的重要性。在规划布局方面，在标准中要求，美丽乡村建设要结合当地的实际，把产业发展规划、土地利用规划和村镇建设规划融合。规划范围要跳出村域概念，必须考虑与自然环境的协调，考虑与周边村、镇的联动，考虑与主城区、县城、中心镇和中心村在空间上的呼应与产业上的互补；规划内容，既要有基础设施建设，又要包括产业发展、医疗卫生、商贸设施、文化娱乐等。《美丽乡村建设规范》在内容安排上突出定性与定量相结合。《美丽乡村建设规范》对涉及经济、环境保护、安全等内容设置了 36 个量化指标项，量化指标值 40 个。特别是针对农村环境保护的薄弱环节，对农村生活污水治理、农作物秸秆综合利用率、清洁能源普及率等环境重要指标提出高标准、严要求，其中涉及生态环境的量化指标共 11 项，占量化指标总数的 30.6%。同时，标准还从彰显乡村特色，按照乡村的自然禀赋、历史传统和未来发展的要求，对于文化建设、产业发展等领域，则用定性方式明确总体原则和基本要求，最大程度地保留原汁原味的乡村文化和乡土特色，以预留乡村发展的自由空间，适应不同村庄的发展情况。《美丽乡村建设规范》从常态化管理模式和机制、监督考核制度等方面对美丽乡村的常态化管理提出了要求。农村发展和建设过程中，"重建设轻管理"的现象十分普遍。如农村改厕的项目，由于公厕投入使用后管理不当，无人看管、无人维护，导致环境卫生状况恶劣。安吉县等地的实践证明，运营维护与管理是确保美丽乡村建设成效得以固化和持续的前提和基础。《美丽乡村建设规范》强化了村民在美丽乡村建设中的主体作用。美丽乡村建设为的是农民，靠的是农民，受益的也是农民。因此，充分调动广大农民的参与程度，营造全民参与的氛围，变"要我建"为"我要建"，变"等等看"为"主动干"，是搞好美丽乡村建设的关键。《美丽乡村建设规范》从两个层次就村民这一美丽乡村建设主体的参与程度提出了要求：一是注重开发村民智慧。重视农村文化设施的建设，以农村文化设施为阵地，开展丰富多彩的文化活动，打造农村文化品牌，重视对村民尤其是年轻一代的素质教育、技术培训和生态环境教育。二是营造全民参与的氛围。《美丽乡村建设规范》提出了构建美丽乡村建设信息平台，及时发布相关信息及定期开展居民满意度调查的要求，以此全方位营造全民参与的氛围，充分反映美丽乡村建设保民生、促民生的宗旨。

7）《绿色小城镇评价标准》

绿色小城镇指有因地制宜的科学规划，产业模式合理，资源能源集约、节约，保护环境，功能完善，宜居宜业，特色鲜明，突出物质文明、精神文明、生态文明建设，实现可持续发展的小城镇。

8)《"十二五"规划纲要》

中华人民共和国国民经济和社会发展第十二个五年（2011 － 2015 年）规划纲要，根据《中共中央关于制定国民经济和社会发展第十二个五年规划的建议》编制，主要阐明国家战略意图，明确政府工作重点，引导市场主体行为，是未来五年我国经济社会发展的宏伟蓝图，是全国各族人民共同的行动纲领，是政府履行经济调节、市场监管、社会管理和公共服务职责的重要依据。"十二五"规划纲要全文共 62 章，5 万余字，另有 5 张图片和 22 个专栏，分为转变方式、开创科学发展新局面，强农惠农、加快社会主义新农村建设，转型升级、提高产业核心竞争力，营造环境、推动服务业大发展，优化格局、促进区域协调发展和城镇化健康发展，绿色发展、建设资源节约型、环境友好型社会，创新驱动、实施科教兴国战略和人才强国战略，改善民生、建立健全基本公共服务体系，标本兼治、加强和创新社会管理，传承创新、推动文化大发展大繁荣，改革攻坚、完善社会主义市场经济体制，互利共赢、提高对外开放水平，发展民主、推进社会主义政治文明建设，深化合作、建设中华民族共同家园，军民融合、加强国防和军队现代化建设，强化实施、实现宏伟发展蓝图等 16 篇。

5.3 基础目标值的确定

1）村镇规划、用地的合理性

基础目标值：规划符合指标解释中提出的要求。即，村镇总体规划和详细规划已依法编制、审批并公布；各层次村镇规划的编制符合《村镇规划标准》和相关规范的要求。

2）受保护地区占国土面积比例

参考值如图 5.1 所示。

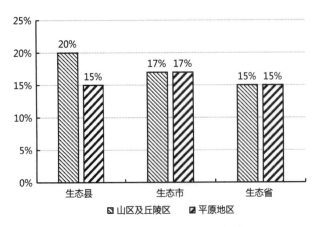

图 5.1　受保护地区占国土面积比例

分析对比各文献，结合实际情况，选取基础目标值为：山区及丘陵地区 ≥ 20%；平原地区 ≥ 15%。

3）公共服务设施完善度

参考值:《绿色生态城区评价标准》。居住区公共服务设施具有较好的便捷性，评价总分值为 15 分，按下列规则分别评分并累计：幼儿园、托儿所服务半径不大于 300 m，所覆盖的用地面积占居住区总用地面积的比例不少于 30%，得 3 分；小学服务半径不大于 500 m，所覆盖的用地面积占居住区总用地面积的比例不少于 40%，得 3 分；中学服务半径不大于 1 000 m，所覆盖的用地面积占居住区总用地面积的比例不少于 50%，得 3 分；养老服务设施服务半径不大于 500 m，所覆盖的用地面积占居住区总用地面积的比例不少于 30%，得 3 分；商业服务设施服务半径不大于 500 m，所覆盖的用地面积占居住区总用地面积的比例不少于 60%，得 3 分。

分析对比各文献，结合实际情况，选取基础目标值为：学校服务半径 ≤ 300 m，所覆盖的用地面积占居住区总用地面积的比例 ≥ 30%；养老服务设施服务半径 ≤ 500 m，所覆盖的用地面积占居住区总用地面积的比例 ≥ 30%；医院服务设施服务半径 ≤ 500 m，所覆盖的用地面积占居住区总用地面积的比例 ≥ 30%；商业服务设施服务半径 ≤ 500 m，所覆盖的用地面积占居住区总用地面积的比例 ≥ 60%。

4）人均休闲娱乐用地面积

参考值:《美丽乡村考核评价办法》。建有老年及青少年活动室（面积较宽裕、设施配套的球类练习室或其他活动室），得 1 分；建有标准篮球场等室外公共体育活动场地，得 1 分；建有乡村文化舞台，得 1 分。否则不得分。

分析对比各文献，结合实际情况，选取基础目标值为：至少建有一个符合定义要求的活动室。

5）公共交通便利性

参考值:《绿色小城镇评价标准》。评价总值为 5 分，并按下列规则评分：镇区的生活区和工作区 90% 以上在公交站点 500 m 半径覆盖范围之内，得 5 分；镇区的生活区和工作区 60% ～ 90% 在公交站点 500 m 半径覆盖范围之内，得 3 分；镇区不足 60% 的生活区和工作区在公交站点 500 m 半径覆盖范围之内，得 0 分。

分析对比各文献，结合实际情况，选取基础目标值为：≥ 60%。

6）农村卫生厕所普及率

参考值如图 5.2 所示。

分析对比各文献，结合实际情况，选取基础目标值为：100%。

7）绿色农房比率

加分项。

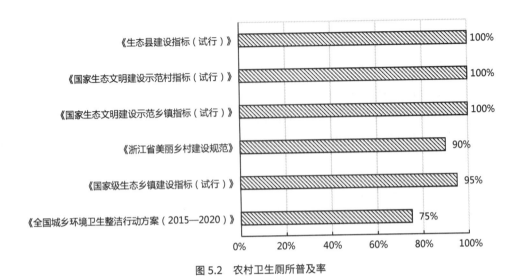

图 5.2　农村卫生厕所普及率

8）绿色建材使用比率

参考值如图 5.3 所示。

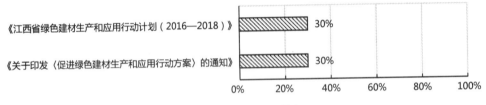

图 5.3　绿色建材使用比率

分析对比各文献，结合实际情况，选取基础目标值为：≥ 30‰。

9）农村生活用能中清洁能源使用率

参考值如图 5.4 所示。

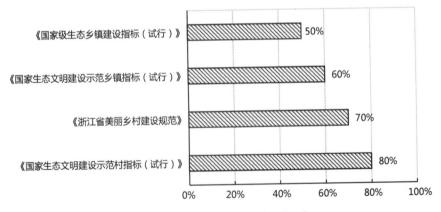

图 5.4　农村生活用能中清洁能源使用率

分析对比各文献，结合实际情况，选取基础目标值为：≥60%。

10）农作物秸秆综合利用率、裸野焚烧率

参考值如图 5.5 所示。

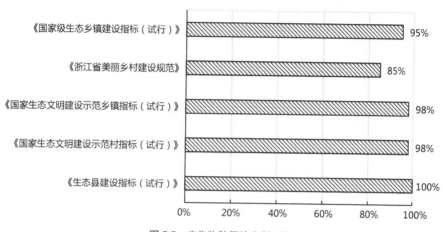

图 5.5 农作物秸秆综合利用率

分析对比各文献，结合实际情况，选取基础目标值为：农作物秸秆综合利用率≥95%，裸野焚烧率为 0。

11）节能节水器具使用率

参考值如图 5.6 所示。

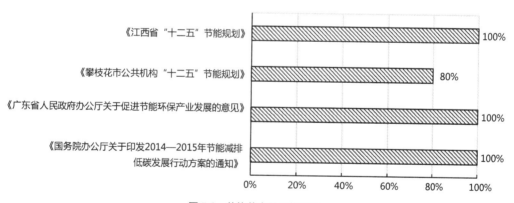

图 5.6 节能节水器具使用率

分析对比各文献，结合实际情况，选取基础目标值为：100%

12）地表水环境质量、近岸海域水环境质量

分析对比各文献，结合实际情况，选取基础目标值为：达到功能区标准。

13）集中式饮用水水源地水质达标率、农村饮用水卫生合格率

（1）集中式饮用水水源地水质达标率

参考值如图 5.7 所示。

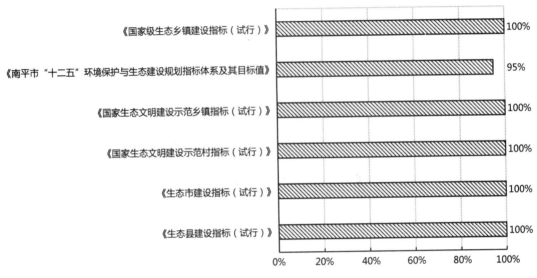

图 5.7　集中式饮用水水源地水质达标率

分析对比各文献，结合实际情况，选取基础目标值为：100%。

（2）农村饮用水卫生合格率

参考值如图 5.8 所示。

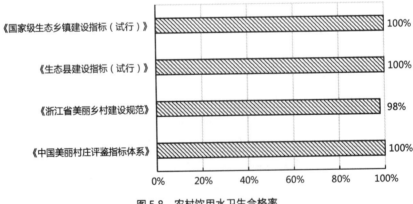

图 5.8　农村饮用水卫生合格率

分析对比各文献，结合实际情况，选取基础目标值为：100%。

14）农业灌溉水有效利用系数

参考值如图 5.9 所示。

分析对比各文献，结合实际情况，选取基础目标值为：≥ 0.55。

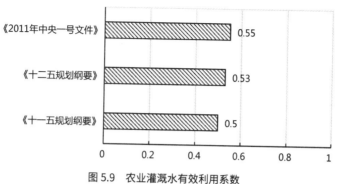

图 5.9 农业灌溉水有效利用系数

15）非传统水源利用率

参考值：《绿色生态城区评价标准》。合理利用非传统水源，评价总分值为 8 分。当利用率达到 5%，得 5 分；达到 8%，得 8 分。

分析对比各文献，结合实际情况，选取基础目标值为：≥ 5%。

16）生活垃圾定点存放清运率

参考值：《2012—2014 年农村环境连片整治示范工作方案》100%。

分析对比各文献，结合实际情况，选取基础目标值为：100%。

17）生活垃圾资源化利用率

参考值如图 5.10 所示。

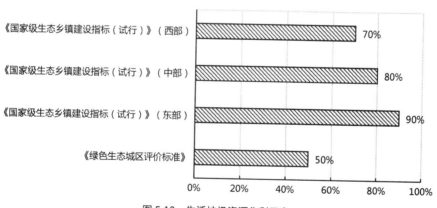

图 5.10 生活垃圾资源化利用率

分析对比各文献，结合实际情况，选取基础目标值为：西部 ≥ 70%；中部 ≥ 80%；东部 ≥ 90%。

18）村镇生活垃圾无害化处理率

参考值如图 5.11 所示。

分析对比各文献，结合实际情况，选取基础目标值为：100%。

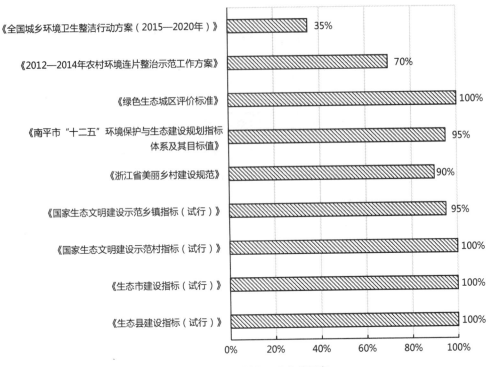

图 5.11　村镇生活垃圾无害化处理率

19）农用塑料薄膜回收率

参考值如图 5.12 所示。

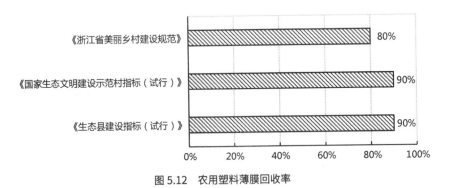

图 5.12　农用塑料薄膜回收率

分析对比各文献，结合实际情况，选取基础目标值为：≥ 90%。

20）集约化畜禽养殖场粪便综合利用率

参考值如图 5.13 所示。

分析对比各文献，结合实际情况，选取基础目标值为：≥ 95%。

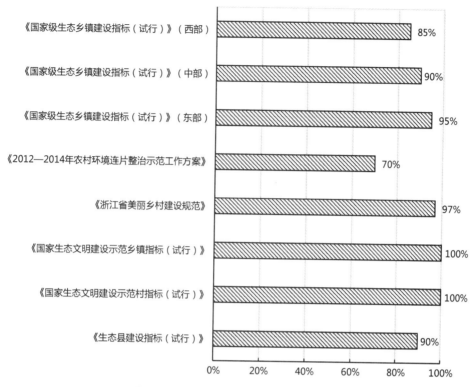

图 5.13　集约化畜禽养殖场粪便综合利用率

21）建筑旧材料再利用率

参考值：《绿色生态城区评价标准》。建筑废弃物资源化利用，评价总分值 3 分：建筑废弃物管理规范化，综合利用率达到 30%，得 3 分。

分析对比各文献，结合实际情况，选取基础目标值为：≥ 30%。

22）化学需氧量（COD）排放强度

参考值如图 5.14 所示。

分析对比各文献，结合实际情况，选取基础目标值为：<5.5 kg/ 万元 GDP。

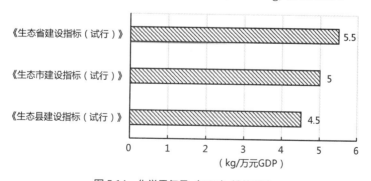

图 5.14　化学需氧量（COD）排放强度

23）村镇生活污水集中处理率

参考值如图 5.15 所示。

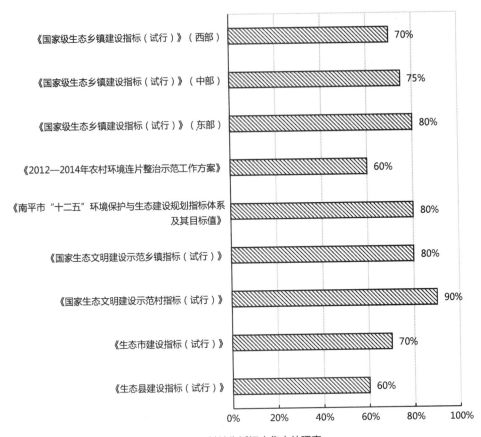

图 5.15 村镇生活污水集中处理率

分析对比各文献，结合实际情况，选取基础目标值为：≥ 70%。

24）村镇污水再生利用率

参考值：《浙江省美丽乡村建设规范》≥ 80%。

分析对比各文献，结合实际情况，选取基础目标值为：≥ 80%。

25）森林覆盖率和林草覆盖率

（1）森林覆盖率

参考值如图 5.16 所示。

（2）林草覆盖率

参考值如图 5.17 所示。

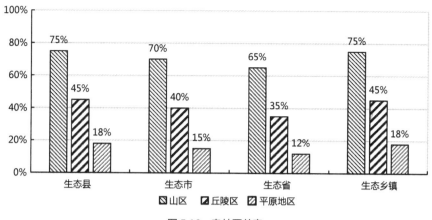

图 5.16　森林覆盖率

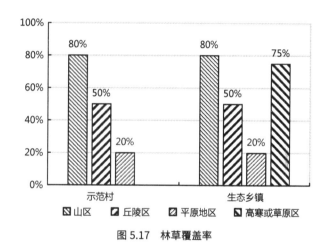

图 5.17　林草覆盖率

分析对比各文献，结合实际情况，选取基础目标值如表 5.1 所列。

表 5.1　森林覆盖率、林草覆盖率

	森林覆盖率	林草覆盖率
山区	≥ 75%	≥ 50%
丘陵区	≥ 45%	≥ 80%
平原地区	≥ 18%	≥ 20%
高寒区或草原区	—	≥ 75%

26）村镇人均公共绿地面积

参考值如图 5.18 所示。

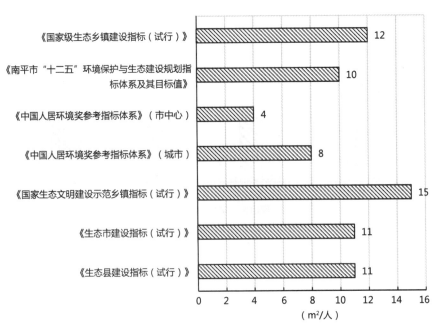

图 5.18　村镇人均公共绿地面积

分析对比各文献，结合实际情况，选取基础目标值为：≥ 12 m²/ 人。

27）退化土地恢复率

参考值如图 5.19 所示。

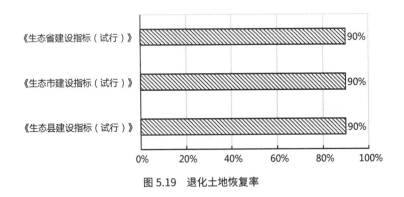

图 5.19　退化土地恢复率

分析对比各文献，结合实际情况，选取基础目标值为：≥ 90%。

28）化肥施用强度（折纯）

参考值如图 5.20 所示。

分析对比各文献，结合实际情况，选取基础目标值为：<250 kg/hm²。

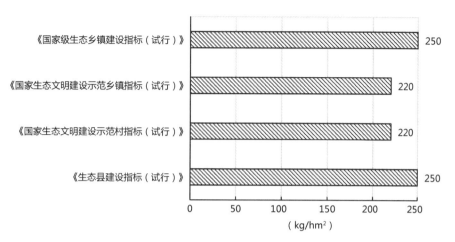

图 5.20 化肥施用强度（折纯）

29）农药施用强度（折纯）

参考值如图 5.21 所示。

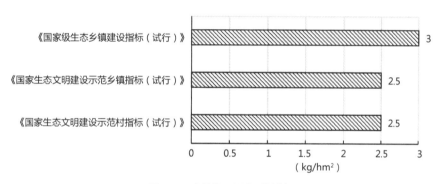

图 5.21 农药施用强度（折纯）

分析对比各文献，结合实际情况，选取基础目标值为：<3 kg/hm²。

30）主要大气污染物浓度

根据《环境空气质量指数（AQI）技术规定（试行）》（HJ 633—2012）选取目标值为：$SO_2 \leqslant 500 \ \mu g/m^3$（1 h 平均值），$NO_x < 200 \ \mu g/m^3$（1 h 平均值）。

31）空气质量满意度

参考值如图 5.22 所示。

分析对比各文献，结合实际情况，选取基础目标值为：≥ 80%。

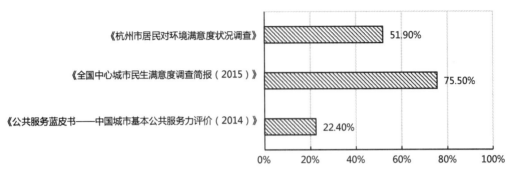

图 5.22　空气质量满意度

32）环境噪声达标区的覆盖率

参考值如图 5.23 所示。

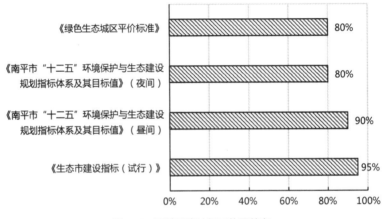

图 5.23　环境噪声达标区的覆盖率

分析对比各文献，结合实际情况，选取基础目标值为：昼间≥90%；夜间≥80%。

33）生物多样性指数及珍稀濒危物种保护率

（1）生物多样性指数

参考值：《生态省建设指标（试行）》≥0.9。

分析对比各文献，结合实际情况，选取基础目标值为：≥0.9。

（2）珍稀濒危物种保护率

参考值：《生态省建设指标（试行）》100%。

分析对比各文献，结合实际情况，选取基础目标值为：100%。

34）河塘沟渠整治率

参考值：《国家生态文明建设示范村指标（试行）》≥90%。

分析对比各文献，结合实际情况，选取基础目标值为：≥90%。

35）农民年人均纯收入

参考值如图 5.24 所示。

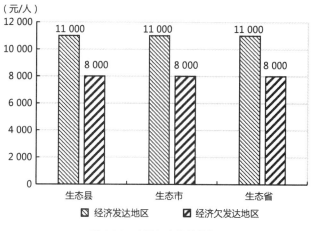

图 5.24　农民年人均纯收入

《国家生态文明建设示范村镇指标（试行）》：高于所在地市平均值。

分析对比各文献，结合实际情况，选取基础目标值为：经济发达地区≥11 000 元 / 人；经济欠发达地区≥8 000 元 / 人。

36）城镇居民年人均可支配收入

参考值如图 5.25 所示。

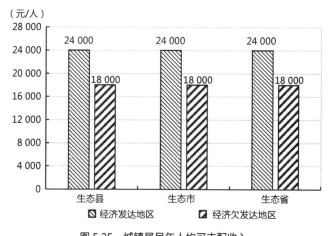

图 5.25　城镇居民年人均可支配收入

分析对比各文献，结合实际情况，选取基础目标值为：经济发达地区≥24 000 元 / 人；经济欠发达地区≥18 000 元 / 人。

37）**特色产业**

基础目标值：至少有 1 种模式的特色产业。

38）**单位 GDP 能耗**

参考值:《生态县建设指标（试行）》≤ 1.2 吨标煤 / 万元;《绿色生态城区评价标准》: 单位地区生产总值能耗低于所在省（市）节能考核目标，评价总分值为 20 分，并按表 5.2 规则评分：

表 5.2　单位 GDP 能耗评分规则表

单位地区生产总值能耗低于所在省（市）目标且相对基准年的年均进一步降低率	得分
>0.3% 且 <0.5%	10
>0.5% 且 <0.8%	15
>0.8%	20

分析对比各文献，结合实际情况，选取基础目标值为：≤ 1.2 吨标煤 / 万元。

39）**单位 GDP 水耗**

参考值:《生态县建设指标（试行）》≤ 150 m^3/ 万元;《绿色生态城区评价标准》: 单位地区生产总值水耗低于所在省（市）节水考核目标，评价总分值为 20 分，并按表 5.3 规则评分：

表 5.3　单位 GDP 水耗评分规则表

单位地区生产总值水耗低于所在省（市）目标且相对基准年的年均进一步降低率	得分
>0.3% 且 <0.5%	10
>0.5% 且 <0.8%	15
>0.8%	20

分析对比各文献，结合实际情况，选取基础目标值为：≤ 150 m^3/ 万元。

40）**单位 GDP 碳排放量**

参考值:《绿色生态城区评价标准》。城区单位 GDP 碳排放量、人均碳排放量和单位地域面积碳排放量等三个指标达到所在地和城区的减碳目标。

分析对比各文献，结合实际情况，定义基础目标值为：村镇单位 GDP 碳排放量达到所在地的减碳目标。

41）**环境保护投资占 GDP 的比重**

参考取值:《生态省建设指标（试行）》≥ 10%。

分析对比各文献，结合实际情况，选取基础目标值为：≥ 10%。

42）主要农产品中有机、绿色及无公害产品的比重

参考值如图 5.26 所示。

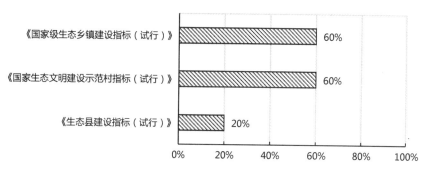

图 5.26　主要农产品中有机、绿色及无公害产品的比重

分析对比各文献，结合实际情况，选取基础目标值为：≥60%。

43）公众对环境的满意率

参考值如图 5.27 所示。

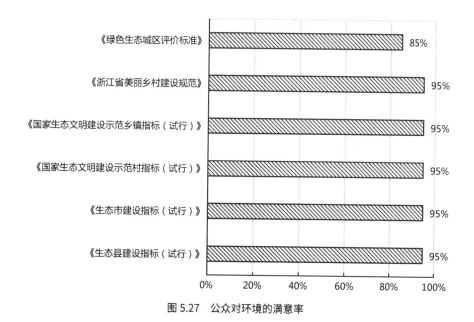

图 5.27　公众对环境的满意率

分析对比各文献，结合实际情况，选取基础目标值为：≥95%。

44）环保宣传普及率

参考值如图 5.28 所示。

分析对比各文献，结合实际情况，选取基础目标值为：≥85%。

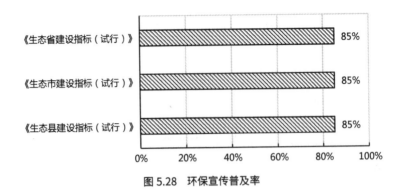

图 5.28 环保宣传普及率

45）遵守节约资源和保护环境村民的农户比例

参考值：《国家生态文明建设示范村建设指标》≥ 95%。

分析对比各文献，结合实际情况，选取基础目标值为：≥ 95%。

5.4 指标基础目标值汇总

所有指标基础目标值结果汇总如表 5.4 所列。

表 5.4　基础目标值汇总

		编号	指标名称		单位		基础目标值	
资源节约与利用	土地规划	1	村镇规划、用地的合理性		—		规划符合指标解释中提出的要求	
		2	受保护地区占国土面积比例	山区及丘陵区	%		≥ 20	
				平原地区			≥ 15	
	村镇用地选址与功能分区	3	公共服务设施完善度	学校服务半径与覆盖比例	m	%	≤ 300	≥ 30
				养老服务半径与覆盖比例			≤ 500	≥ 30
				医院服务半径与覆盖比例			≤ 500	≥ 30
				商业服务半径与覆盖比例			≤ 500	≥ 60
		4	人均休闲娱乐用地面积		—		至少建有一个符合定义要求的活动室	
		5	公共交通便利性		%		≥ 60	
	社区与农房建设	6	农村卫生厕所普及率		%		100	
		7	绿色农房比率		%		加分项	
		8	绿色建材使用比率		%		≥ 30	

（续表）

		编号	指标名称		单位	基础目标值
资源节约与利用	清洁能源利用与节能	9	农村生活用能中清洁能源使用率		—	≥ 60%
		10	农作物秸秆综合利用率、裸野焚烧率		—	≥ 95%，0
		11	节能节水器具使用率		—	100%
	水资源利用	12	地表水环境质量、近岸海域水环境质量		—	达到功能区标准
		13	集中式饮用水水源地水质达标率 农村饮用水卫生合格率		—	100%，100%
		14	农业灌溉水有效利用系数		—	≥ 0.55
		15	非传统水源利用率		—	≥ 5%
	废弃物处理与资源化	16	生活垃圾定点存放清运率		—	100
		17	生活垃圾资源化利用率	东部	—	≥ 90%
				中部		≥ 80%
				西部		≥ 70%
		18	村镇生活垃圾无害化处理率		—	100%
		19	农用塑料薄膜回收率		—	≥ 90%
		20	集约化畜禽养殖场粪便综合利用率		—	≥ 95%
		21	建筑旧材料再利用率		—	≥ 30%
环境质量与修复	污水处理	22	化学需氧量（COD）排放强度		kg/ 万元 GDP	< 5.5
		23	村镇生活污水集中处理率		—	≥ 70%
		24	村镇污水再生利用率		—	≥ 80%
	环境修复	25	森林覆盖率	山区		≥ 75%
				丘陵区		≥ 45%
				平原地区		≥ 18%
				高寒区或草原区林草覆盖率		≥ 75%
		26	村镇人均公共绿地面积		m²/ 人	≥ 12%
		27	退化土地恢复率		—	≥ 90%
		28	化肥施用强度（折纯）		kg/hm²	<250
		29	农药施用强度		kg/ hm²	< 3

绿色生态村镇环境指标体系及评估标准

（续表）

		编号	指标名称		单位	基础目标值
环境质量与修复	空气质量	30	主要大气污染物浓度	SO₂	μg/m³ (1 h 平均值)	≤ 500
				氮氧化物		< 200
		31	空气质量满意度		—	≥ 80%
	声环境	32	环境噪声达标区的覆盖率	昼间		≥ 90%
				夜间		≥ 80%
	生态景观	33	物种多样性指数、稀濒危物种保护率		—	0.9, 100%
		34	河塘沟渠整治率		—	≥ 90%
生产发展与管理	清洁生产与低碳发展	35	农民年人均纯收入	经济发达地区	元/人	≥ 11000
				经济欠发达地区		≥ 8000
		36	城镇居民年人均可支配收入	经济发达地区	元/人	≥ 24 000
				经济欠发达地区		≥ 18 000
		37	特色产业		—	至少有一种模式的特色产业
		38	单位 GDP 能耗		吨标煤/万元	≤ 1.2
		39	单位 GDP 水耗		m³/万元	≤ 150
		40	单位 GDP 碳排放量		—	达到所在地的减碳目标
	生态环保产业	41	环境保护投资占 GDP 的比重		—	≥ 10%
		42	主要农产品中有机、绿色及无公害产品种植面积的比重		—	≥ 60%
公共服务与参与	公众参与度	43	公众对环境的满意率		—	≥ 95%
		44	环保宣传普及率		—	≥ 85%
		45	遵守节约资源和保护环境村民的农户比例		—	≥ 95%

第 6 章 绿色生态村镇环境指标权重分析

在绿色生态村镇环境指标体系构建完成的基础上，为了在实际应用时能够准确、科学且高效地评判某一具体绿色生态村镇的环境水平，需对评价过程中涉及的所有指标和最终的评价结果进行量化。评价体系中各指标所研究的对象对环境均会产生影响，但是影响程度可能不同。例如，在"资源节约与利用"大类中，"废弃物处理与资源化"显然是会对村镇环境产生直接影响的指标，重要程度高；而"村镇用地选址与功能分区"对村镇环境产生的影响是间接的，重要程度相对低。

评价指标权重的确定是多目标决策的一个重要环节，因为多目标决策的基本思想是将多目标决策结果值纯量化，也就是应用一定的方法、技术、规则（常用的有加法规则、距离规则等）将各目标的实际价值或效用值转换为一个综合值；或按一定的方法、技术将多目标决策问题转化为单目标决策问题，然后按单目标决策原理进行决策。指标权重是指标在评价过程中不同重要程度的反映，是决策（或评估）问题中指标相对重要程度的一种主观评价和客观反映的综合度量。权重的赋值合理与否，对评价结果的科学合理性起着至关重要的作用；若某一因素的权重发生变化，将会影响整个评判结果。因此，权重的赋值必须做到科学和客观，这就要求寻求合适的权重确定方法。

如上，对绿色生态村镇环境状况进行科学评价时，权重的确定和指标选取一样，将直接影响综合的评价结果。因此，需要确定绿色生态环境指标体系中的各指标类别以及类别下各指标的重要程度。因此，本章内容旨在通过科学合理的方法去处理这一多指标、难定量的复杂评价问题，最终确定出每一指标所占权重，进而对绿色生态村镇的环境水平进行客观、科学的定量评价。

6.1 权重分析方法概述

目前，关于属性权重的确定方法很多，根据计算权重时原始数据的来源不同，可以将这些方法分为三类：主观赋权法、客观赋权法和组合赋权法。

6.1.1 主观赋权法

主观赋权法是根据决策者（专家）主观上对各属性的重视程度来确定属性权重的方法，其原始数据由专家根据经验主观判断而得到。常用的主观赋权法有专家打分法（Delphi 法）、层次分析法（AHP）、环比评分法（DARE）和最小二乘法等。

主观赋权法是人们研究较早、较为成熟的方法，主观赋权法的优点是专家可以根据实际的决策问题和专家自身的知识经验合理地确定各属性权重的排序，不至于出现属性权重与属性实际重要程度相悖的情况。但决策或评价结果具有较强的主观随意性，客观性较差，同时增加了对决策分析者的负担，应用中有一定的局限性。

1）专家打分法（Delphi 法）

专家打分法即是由少数专家直接根据经验并考虑反映某评价的观点后定出权重。具体做法和基本步骤如下。

（1）选择评价定权值组的成员，并对他们详细说明权重的概念和顺序以及记权的方法。

（2）列表，列出对应于每个评价因子的权值范围，可用评分法表示。例如，若有 5 个值，那么就有 5 列。行列对应于权重值，按重要性排列。

（3）发给每个参与评价者一份上述表格，按下述步骤反复核对、填写，直至没有成员进行变动为止。

（4）要求每个成员对每列的每种权值填上记号，得到每种因子的权值分数。

（5）要求所有的成员对作了记号的列逐项比较，看看所评的分数是否能代表他们的意见，如果发现有不妥之处，应重新划记号评分，直至满意为止。

（6）要求每个成员把每个评价因子（或变量）的重要性的评分值相加，得出总数。

（7）每个成员用第（6）步求得的总数去除分数，即得到每个评价因子的权重。

（8）把每个成员的表格集中起来，求得各种评价因子的平均权重，即为"组平均权重"。

（9）列出每组的平均数，并要求评价者把每组的平均数与自己在第（7）步得到的权值进行比较。

（10）如有人还想改变评分，就回到第（4）步重复整个评分过程。如果没有异议，则到此为止，各评价因子（或变量）的权值就这样决定了。

专家打分法避免了权威、职称、职务、口才及人数优势对确定权重的干扰，集中了大多数人的正确意见。缺点在于：由于流程最后不再考虑少数人的意见，因而容易失去部分信息，同时也缺乏科学的检验手段。但是，可采取检验各个测评指标的积分和总分的相关性的弥补方法，重要指标的积分应与总分有较强的相关性，否则就应该修改一定的权重系数，也可以面对面地反复充分讨论，最后形成一致的意见。

2）层次分析法（AHP）

人们在对社会、经济以及管理领域的问题进行系统分析时，面临的经常是一个由相互关联、相互制约的众多因素构成的复杂系统。层次分析法则为研究这类复杂的系统，提供了一种新的、简洁的、实用的决策方法。层次分析法是一种能解决多目标的复杂问题的定性与定量相结合的决策分析方法。该方法将定量分析与定性分析结合起来，用决策者的经验判断各衡量目标能否实现的标准之间的相对重要程度，并合理地给出每个决策方案的每个标准的权数，利用权数求出各方案的优劣次序，能比较有效地应用于那些难以用定量方法解决的课题。

（1）层次分析法的原理

根据问题的性质和要达到的总目标，将问题分解为不同的组成因素，并按照因素间的相互关联影响以及隶属关系，将因素按不同层次聚集组合，形成一个多层次的分析结构模型，从而最终使问题归结为最低层（供决策的方案、措施等）相对于最高层（总目标）的相对重要权值的确定或相对优劣次序的排定。层次分析法的特点是在对复杂的决策问题的本质、影响因素及其内在关系等进行深入分析的基础上，利用较少的定量信息使决策的思维过程数学化，从而为多目标、多准则或无结构特性的复杂决策问题提供简便的决策方法。此法尤其适合于对决策结果难以直接准确计量的场合。

（2）层次分析法的优缺点

人们在进行社会的、经济的以及科学管理领域问题的系统分析中，面临的常常是一个由相互关联、相互制约的众多因素构成的复杂而往往缺少定量数据的系统。层次分析法为这类问题的决策和排序提供了一种新的、简洁而实用的建模方法。在应用层次分析法研究问题时，遇到的主要困难有两个：①如何根据实际情况抽象出较为贴切的层次结构；②如何将某些定性的量作比较接近实际的定量化处理。层次分析法对人们的思维过程进行了加工整理，提出了一套系统分析问题的方法，为科学管理和决策提供了较有说服力的依据。但层次分析法也有其局限性，主要表现在：①它在很大程度上依赖于人们的经验，主观因素的影响很大，它至多只能排除思维过程中严重的非一致性，却无法排除决策者个人可能存在的严重片面性；②当指标量过多时，对于数据的统计量过大，此时的权重难以确定。层次分析法至多只能算是一种半定量（或定性与定量结合）的方法。

3）环比评分法（DARE）

环比评分法又称 DARE 法（Decision Alternative Ratia Evaluation System），是一种通过确定各因素的重要性系数来评价和选择创新方案的方法。该方法从上至下依次比较相邻两个指标的重要程度，给出功能重要度值，然后令最后一个被比较的指标的重要度值为 1（作为基数），依次修正重要性比值，以排列在下面的指标的修正重要度比值乘以与其相邻的上一个指标的重要度比值，得出上一指标修正重要度比值。用各指标修正重要度比值除以功能修正值总和，即得各指标权重。

环比评分法适用于各个评价对象之间有明显的可比关系，能直接对比，并能准确地评定功能重要度比值的情况。在运用时每个要素只与上下要素进行对比，不与全部的要素进行对比。评分时从实际出发，灵活确定比例，没有限制。

4）最小二乘法

最小二乘法（又称最小平方法）是一种数学优化技术。它通过最小化误差的平方和寻找数据的最佳函数匹配。利用最小二乘法可以简便地求得未知的数据，并使得这些求得的数据与实际数据之间误差的平方和为最小。最小二乘法还可用于曲线拟合。其他一些优化问题也可通过最小化能量或最大化熵用最小二乘法来表达。

考虑函数 $y=a+bx$，其中 a 和 b 是待定常数。如果离散点完全在一直线上，可以认为变量之间的关系为一元函数。但一般说来，这些点不可能在同一直线上。但是它只能用直线来描述时，计算值与实际值会产生偏差。偏差当然要求越小越好，但由于偏差可正可负，因此不能认为总偏差较小时，拟合函数很好地反映了变量之间的关系，因为此时每个偏差的绝对值可能很大。为了改进这一缺陷，考虑用绝对值来代替。但是由于绝对值不易作解析运算，因此，进一步用残差平方和函数来度量总偏差。偏差的平方和最小可以保证每个偏差都不会很大。于是问题归结为确定拟合函数中的常数和使残差平方和函数最小。通过这种方法确定系数的方法称为最小二乘法。

在权重分析领域，可采用通过最小二乘法确定指标权重的优化方法，来克服确定指标权重时主观性强的弊端。该方法在对指标有偏好信息及客观熵信息输出权重的基础上，以最小二乘法为工具，建立指标权重确定模型，应用于实践可以使后评估工作决策更加准确客观、真实有效。克服了后评估过程中确定指标权重时主观性强的弊端，提高了判决准确性和科学性，具有实际应用价值。

6.1.2 客观赋权法

为了克服主观赋权法客观性较差的缺点，人们又提出了客观赋权法，其原始数据由各属性在决策方案中的实际数据形成。其基本思想是：属性权重应当是各属性在属性集中的变异程度和对其他属性的影响程度的度量，赋权的原始信息应当直接来源于客观环境，处理信息的过程应当是深入探讨各属性间的相互联系及影响，再根据各属性的联系程度或各属性所提供的信息量大小来决定属性权重。如果某属性对所有决策方案均无差异（即各决策方案的该属性值相同），则该属性对方案的鉴别及排序不起作用，其权重应为 0；若某属性对所有决策方案的属性值有较大差异，这样的属性对方案的鉴别及排序将起重要作用，应给予较大权重。总之，各属性权重的大小应根据该属性下各方案属性值差异的大小来确定，差异越大，则该属性的权重越大，反之则越小。

常用的客观赋权法有：主成分分析法、熵值法、变异系数法等。其中熵值法用得较多，这种赋权法所使用的数据是决策矩阵，所确定的属性权重反映了属性值的离散程度。

客观赋权法主要是根据原始数据之间的关系来确定权重，因此权重的客观性强，且不增加决策者的负担，方法具有较强的数学理论依据。但是这种赋权法没有考虑决策者的主观意向，因此确定的权重可能与人们的主观愿望或实际情况不一致，使人感到困惑。因为从理论上讲，在多属性决策中，最重要的属性不一定使所有决策方案的属性值具有最大差异，而最不重要的属性却有可能使所有决策方案的属性值具有较大差异。这样，按客观赋权法确定权重时，最不重要的属性可能具有最大的权重，而最重要的属性却不一定具有最大的权重。而且这种赋权方法依赖于实际的问题域，因而通用性和决策人的可参与性较差，没有考虑决策人的主观意向，且计算方法大都比较繁锁。

1）主成分分析法

主成分分析也称主分量分析，旨在利用降维的思想，把多指标转化为少数几个综合指标（即主成分），其中每个主成分都能够反映原始变量的大部分信息，且所含信息互不重复。这种方法在引进多方面变量的同时将复杂因素归结为几个主成分，使问题简单化，同时能得到结果更加科学且有效的数据信息。在实际问题研究中，为了全面、系统地分析问题，我们必须考虑众多影响因素。这些涉及的因素一般称为指标，在多元统计分析中也称为变量。因为每个变量都在不同程度上反映了所研究问题的某些信息，并且指标之间彼此有一定的相关性，因而所得的统计数据反映的信息在一定程度上有重叠。主要方法有特征值分解、SVD、NMF 等。

在社会调查中，对于同一个变量，研究者往往用多个不同的问题来测量一个人的意见。这些不同的问题构成了所谓的测度项，它们代表一个变量的不同方面。主成分分析法被用来对这些变量进行降维处理，使它们"浓缩"为一个变量，称为因子。

在用主成分分析法进行因子求解时，我们最多可以得到与测度项个数一样多的因子。我们可以对它们进行舍取，以达到降维的目的。在一般的行为研究中，我们常常用到的判断方法有两个：特征根大于 1 法与碎石坡法。

因子中的信息可以用特征根来表示，目前常根据特征根大于 1 这个规则来进行判断：如果一个因子的特征根大于 1 就保留，否则抛弃。这个规则虽然简单易用，却只是一个经验法则，没有明确的统计检验。然而，实践证明统计检验的方法在实际中并不比这个经验法则更有效，所以这个经验法则至今仍是最常用的法则。作为一个经验法则，它不总是正确的。它会高估或者低估实际的因子个数。它的适用范围是 20~40 个的测度项，每个理论因子对应 3~5 个测度项，并且样本量较大。

碎石坡法是一种看图方法。如果以因子的次序为 X 轴、以特征根大小为 Y 轴，可以把特征根随因子的变化画在一个坐标上，因子特征根呈下降趋势。这个趋势线的头部快速下降，而尾部则变得平坦。从尾部开始逆向对尾部画一条回归线，远高于回归线的点代表主要的因子，回归线两旁的点代表次要因子。但是碎石坡法往往会高估因子的个数。

2）熵值法

熵值法是一种客观赋权方法，它通过计算指标的信息熵，根据指标的相对变化程度对系统整体的影响来决定指标的权重，相对变化程度大的指标具有较大的权重，此方法目前已广泛应用于统计学等各个领域。

熵是系统无序程度的度量，可以用于度量已知数据所包含的有效信息量和确定权重。在模糊评价中，通过对"熵"的计算确定权重，就是根据各项指标值的差异程度，确定各指标的权重。当两个评价对象的某项指标值相差较大时，熵值较小，说明该指标提供的有效信息量较大，其权重也应较大；反之，若某项指标值相差较小，熵值较大，说明该指标提供的信息量较小，其权重也应较小。当各被评价对象的某项指标值完全相同时，熵值达到最大，这意味着该指标无有用信息，可以从评价指标体系中去除。

3）变异系数法

变异系数法是直接利用各项指标所包含的信息，通过计算得到指标的权重。是一种客观赋权的方法。此方法的基本做法是：在评价指标体系中，指标取值差异越大的指标，就是越难以实现的指标，这样的指标更能反映被评价单位的差距。例如，在评价各个班级的考试状况时，选择班级平均成绩作为评价的标准指标之一，是因为平均成绩不仅能反映各个班级的考试状况，还能反映各个班级的学习水平。但如果各个班级的平均成绩没有多大的差别，则这个指标用来衡量就失去了意义。

变异系数法的优点和缺点：当评价指标对于评价目标而言比较模糊时，采用变异系数法进行评定是比较合适的，适用于各个构成要素内部指标权数的确定，在很多实证研究中也多数采用这一方法。缺点在于对指标的具体经济意义重视不够，也会存在一定的误差。

6.2 评价指标权重确定

为保证评价过程的可操作性、高效性和评价结果的公正性、合理性，必须有一套客观、可量化的方法应用于绿色生态村镇的环境评估中。按照权数产生方法的不同，多指标综合评价方法可分为主观赋权评价法和客观赋权评价法两大类，其中主观赋权评价法采取定性的方法由专家根据经验进行主观判断而得到权数，然后再对指标进行综合评价，如层次分析法、综合评分法、模糊评价法、指数加权法和功效系数法等。客观赋权评价法则根据指标之间的相关关系或各项指标的变异系数来确定权数进行综合评价，如熵值法、神经网络分析法、灰色关联分析法、主成分分析法、变异系数法等。权重的赋值合理与否，对评价结果的科学合理性起着至关重要的作用。若某一因素的权重发生变化，将会影响整个评判结果，因此，权重的赋值必须做到科学和客观，这就要求寻求合适的权重确定方法。

对于村镇的绿色生态评价而言，各指标的权重不易确定，原因主要在于：首先，各指标背后的影响因素十分复杂，可能涉及短期利益与长期利益、经济发展与环境保护等矛盾，其实现的难易程度和紧迫程度也不同；其次，目前对于村镇生态环境水平进行量化评价尚属较为先进的做法，可参考的案例很少，且难以获得大量数据进行客观赋权计算。因此，本章评价指标赋权主要采用主观赋权方法，分指标的绝对权重和相对权重两部分进行计算和讨论。

下文将分别对各部分权重确定方法和确定过程进行介绍。

6.2.1　绝对权重确定

在村镇的绿色生态环境评价方面,进行量化评价的案例较少,故经验法和移植法在本研究中不适用。专家打分法适用于存在诸多不确定因素、采用其他方法难以进行定量分析的情况。专家打分法通过匿名方式征询有关专家的意见,然后对专家意见进行统计、处理、归纳和分析,客观地综合多数专家的经验与判断,对大量难以采用技术方法进行定量分析的因素做出合理估算。因此,本章首先利用了专家打分法来对评价体系中各指标的绝对重要程度进行判断。本书所设置的专家打分问卷如附录 A 所示。

本章中采用 5 分制对指标重要程度进行量化,分值的具体意义如表 6.1 所列。

表 6.1　得分说明表

重要程度	得分	说明
不太重要	1	该指标对"绿色生态环境"贡献不大
稍重要	2	该指标对"绿色生态环境"稍有贡献
重要	3	该指标对"绿色生态环境"有贡献
很重要	4	该指标对"绿色生态环境"有明显贡献
绝对重要	5	该指标对"绿色生态环境"有巨大贡献

本次专家打分法在评分过程中邀请到了来自于城市规划、暖通等领域的 45 位专家,他们的学科背景分布情况如图 6.1 所示。

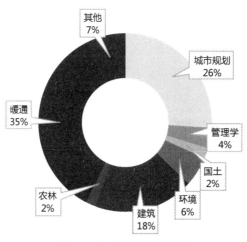

图 6.1　专家学科背景分布图

经过专家们的第一轮打分，通过取平均得出每一指标的得分值，然后再邀请专家对评分结果提出意见和修正，得出最终结果。指标的最终得分结果如表 6.2 所列。

表 6.2　专家评分结果表

系统层	得分	目标层	得分	准则层	得分
资源节约与利用	4.14	土地规划	4.05	村镇规划、用地的合理性	4.35
				受保护地区占国土面积比例	3.79
		村镇用地选址与功能分区	4.02	公共服务设施完善度	4.21
				人均休闲娱乐用地面积	3.12
				公共交通便利性	4.07
		社区与农房建设	3.74	农村卫生厕所普及率	4.07
				绿色农房比率	3.26
				绿色建材使用比率	3.14
		清洁能源利用与节能	3.58	农村生活用能中清洁能源使用率	3.68
				农作物秸秆综合利用率	3.93
				节能节水器具使用率	3.37
		水资源利用	4.18	地表水环境质量（内陆）近岸海域水环境质量（沿海）	4.28
				集中式饮用水水源地水质达标率（城镇）农村饮用水卫生合格率（农村）	4.47
				农业灌溉水有效利用系数	3.82
				非传统水源利用率	3.09
		废弃物处理与资源化	3.84	生活垃圾定点存放清运率	4.19
				生活垃圾资源化利用率	3.77
				城镇生活垃圾无害化处理率	4.04
				农用塑料薄膜回收率	3.89
				集约化畜禽养殖场粪便综合利用率	3.98
				建筑旧材料再利用率	3.26

（续表）

系统层	得分	目标层	得分	准则层	得分
环境质量与修复	4.3	污水处理	4.21	化学需氧量（COD）排放强度	3.75
				城镇生活污水集中处理率	4.21
				城镇污水再生利用率	3.6
		环境修复	4.19	森林覆盖率	3.98
				城镇人均公共绿地面积	3.61
				退化土地恢复率	3.95
				化肥施用强度（折纯）	3.82
				农药施用强度	3.84
		空气质量	4.18	主要大气污染物浓度	4.19
				空气质量满意度	3.88
		声环境	3.35	环境噪声达标区的覆盖率	3.67
		生态景观	3.49	物种多样性指数	3.79
				河塘沟渠整治率	3.86
生产发展与管理	4.05	清洁生产与低碳发展	3.86	村民年人均可支配收入	4.02
				城镇居民年人均可支配收入	3.89
				特色产业	3.77
				单位 GDP 能耗	3.58
				单位 GDP 水耗	3.68
				单位 GDP 碳排放量	3.68
		生态环保产业	3.95	环境保护投资占 GDP 比重	4.02
				主要农产品中有机、绿色及无公害产品种植面积的比重	3.89
公共服务与参与	3.89	公共服务与参与	1	公众对环境的满意率	4.05
				环保宣传普及率	3.79
				遵守节约资源和保护环境村民的农户比例	3.60

6.2.2 相对权重确定

根据专家打分法的结果，各指标的绝对重要程度可被确定下来。但是权重的计算需要基于各个指标甚至是每两个指标的相对重要程度来进行。

本章中之所以未采用直接让专家对各指标逐对进行每两个指标间的相对重要程度进行评价，主要是出于操作可行性的考虑。本评价指标体系有目标层 4 类、准则层 14 类共计 45 个指标，其中仅"废弃物处理与资源化"一类中就有 6 个指标，若两两进行相对重要程度评价，则需要进行 15 次打分；如此评价，每位专家每轮中需要做出 124 次打分，可操作性较差，且很可能导致评分质量下降。

基于上述考虑，本书采用的方法为：同一类（系统层、目标层或准则层）下的指标两两作差，将差值结果映射为"Saaty1−9 标度法"下的相对重要程度得分，为后续计算指标权重做准备。前述绝对重要程度得分结果为 1~5 分，差值绝对值为 0~4 分，而 Saaty1−9 标度法的评分结果为 1~9 分，具体映射方法为：

$$P_S=|[(P_m\times2)+0.5]|\qquad(6.1)$$

式中，P_S 表示 Saaty1-9 标度法得分；P_m 表示绝对重要程度得分差值。

即将同一类下两个指标的绝对重要程度得分的差值的绝对值的 2 倍，四舍五入后作为 Saaty 标度法得分的大值，而任意两指标间的得分互为倒数。映射结果如表 6.3 所列。

表 6.3　Saaty1−9 标度法得分对照表

绝对得分差值	相对重要程度	Saaty 得分	说明
$0\leqslant P_m<0.25$	同等重要	1	两者相比，对"环境"影响程度相同
$0.25\leqslant P_m<0.75$	—	2	中间差值
$0.75\leqslant P_m<1.25$	略微重要	3	两者相比，其中一个对"环境"影响程度稍多
$1.25\leqslant P_m<1.75$	—	4	中间差值
$1.75\leqslant P<2.25$	重要	5	两者相比，其中一个对"环境"影响程度较多
$2.25\leqslant P_m<2.75$	—	6	中间差值
$2.75\leqslant P_m<3.25$	很重要	7	两者相比，其中一个对"环境"影响程度明显多
$3.25\leqslant P_m<3.75$	—	8	中间差值
$3.75\leqslant P_m\leqslant4$	绝对重要	9	两者相比，其中一个对"环境"影响程度非常明显多

注：表中仅列出 Saaty 标度法中大值的得分，小值得分为其倒数。

根据上述映射关系，分系统层、目标层和准则层三层，分别计算出其下各指标间的 Saaty 标度法得分，即得出指标间的相对重要程度。

限于篇幅，此处以准则层下"村镇用地选址与功能分区"为例，得到的相对重要程度得分如表 6.4 所列。

表 6.4　"村镇用地选址与功能分区"指标相对重要程度表

指标	公共服务设施完善度	人均休闲娱乐用地面积	公共交通便利性
公共服务设施完善度	1	3	1
人均休闲娱乐用地面积	1/3	1	1/3
公共交通便利性	1	3	1

每一层级的相对重要程度得分均是一个 $n \times n$ 的矩阵 **A**，其中 n 为该层级下的指标数目。

6.3　指标权重计算

权重是指某一指标在整体评价体系中的相对重要程度。如前文所述，不同指标对于村镇的环境影响程度存在较大差异，所以确定合理公正的权重是准确量化目标村镇的环境状况的关键。

6.3.1　层次分析法计算方法

层次分析法（Analytic Hierarchy Process，AHP）是美国运筹学家 Saaty 于 20 世纪 70 年代初，应用网络系统理论和多目标综合评价方法，提出的一种层次权重决策分析方法。

此方法在对变量繁多、结构复杂和不确定因素作用显著的复杂系统进行权重计算时，得到了广泛应用。

利用层次分析法计算权重通常有四种方法：几何平均法（根法）、算术平均法（和法）、特征向量法和最小二乘法。有学者的研究表明，前三种方法得出的结果很接近，而采用最小二乘法得出的结果与其余三种方法相比存在细微差别。本文采用几何平均法计算权重，其计算方法为：

$$W_i = \frac{\left(\prod_{j=1}^{n} a_{ij}\right)^{1/n}}{\sum_{i=1}^{n}\left(\prod_{j=1}^{n} a_{ij}\right)^{1/n}} \tag{6.2}$$

式中，W_i 表示第 i 个指标在其所在层级中的权重；a_{ij} 表示相对重要程度得分矩阵中第 i 行 j 列的值。

计算步骤为：

（1）**A** 的元素按行相乘得一新向量；

（2）将新向量中的每个元素开 n 次方；

（3）将所得向量归一化即得权重向量。

上述计算得到的权重分配是否合理，还需要对得分矩阵进行一致性检验。检验使用公式：

$$CR=CI/RI \tag{6.3}$$

式中，CR 为得分矩阵的随机一致性比率；CI 为判断矩阵的一般一致性指标，$CI=(\lambda_{max}-n)/(n-1)$；$RI$ 为判断矩阵的平均随机一致性指标，1～9 阶的判断矩阵的 RI 值参见表 6.5。

表 6.5　平均随机一致性指标 RI 的值

n	1	2	3	4	5	6	7	8	9
RI	0	0	0.58	0.90	1.12	1.24	1.32	1.41	1.45

限于篇幅，此处继续以准则层下"村镇用地选址与功能分区"为例说明利用层次法计算指标权重的过程。在得出相对重要程度得分矩阵后，应用层次分析法，计算出各指标的权重，如表 6.6 所列。

表 6.6　"村镇用地选址与功能分区"指标相对重要程度表

指标	公共服务设施完善度	人均休闲娱乐用地面积	公共交通便利性	W_i
公共服务设施完善度	1	3	1	0.4286
人均休闲娱乐用地面积	1/3	1	1/3	0.1429
公共交通便利性	1	3	1	0.4286

经计算，$CR=0$，即矩阵通过一致性检验。

6.3.2　指标权重计算结果

应用层次分析法，分系统层、目标层和准则层三层，分别计算出其下各指标的组内权重，计算结果如表 6.7 所列。

表 6.7　指标权重结果统计表

系统层	得分	目标层	得分	准则层	得分
资源节约与利用	0.2481	土地规划	0.2009	村镇规划、用地的合理性	0.6667
				受保护地区占国土面积比例	0.3333

（续表）

系统层	得分	目标层	得分	准则层	得分
资源节约与利用	0.2481	村镇用地选址与功能分区	0.2009	公共服务设施完善度	0.4286
				人均休闲娱乐用地面积	0.1429
				公共交通便利性	0.4286
		社区与农房建设	0.1128	农村卫生厕所普及率	0.5000
				绿色农房比率	0.2500
				绿色建材使用比率	0.2500
		清洁能源利用与节能	0.1005	农村生活用能中清洁能源使用率	0.3108
				农作物秸秆综合利用率	0.4934
				节能节水器具使用率	0.1958
		水资源利用	0.2255	地表水环境质量（内陆）近岸海域水环境质量（沿海）	0.3448
				集中式饮用水水源地水质达标率（城镇）农村饮用水卫生合格率（农村）	0.3705
				农业灌溉水有效利用系数	0.1852
				非传统水源利用率	0.0995
		废弃物处理与资源化	0.1595	生活垃圾定点存放清运率	0.2435
				生活垃圾资源化利用率	0.1433
				城镇生活垃圾无害化处理率	0.2169
				农用塑料薄膜回收率	0.1277
				集约化畜禽养殖场粪便综合利用率	0.1433
				建筑旧材料再利用率	0.1252
环境质量与修复	0.2951	污水处理	0.2616	化学需氧量（COD）排放强度	0.2500
				城镇生活污水集中处理率	0.5000
				城镇污水再生利用率	0.2500

系统层	得分	目标层	得分	准则层	得分
环境质量与修复	0.2951	环境修复	0.2616	森林覆盖率	0.2272
				城镇人均公共绿地面积	0.1499
				退化土地恢复率	0.2272
				化肥施用强度（折纯）	0.1978
				农药施用强度	0.1978
		空气质量	0.2616	主要大气污染物浓度	0.3333
				空气质量满意度	0.6667
		声环境	0.0946	环境噪声达标区的覆盖率	1.0000
		生态景观	0.1206	物种多样性指数	0.5000
				河塘沟渠整治率	0.5000
生产发展与管理	0.2481	清洁生产与低碳发展	0.5000	村民年人均可支配收入	0.2314
				城镇居民年人均可支配收入	0.1836
				特色产业	0.1636
				单位 GDP 能耗	0.1299
				单位 GDP 水耗	0.1458
				单位 GDP 碳排放量	0.1458
		生态环保产业	0.5000	环境保护投资占 GDP 比重	0.5000
				主要农产品中有机、绿色及无公害产品种植面积的比重	0.5000
公共服务与参与	0.2087	公共服务与参与	1	公众对环境的满意率	0.5000
				环保宣传普及率	0.2500
				遵守节约资源和保护环境村民的农户比例	0.2500

　　表中所示权重为局部权重，即各指标在其所在层级下的权重。在对具体村镇进行环境水平评价时，可采用分层级逐级评分的方法，即先得到准则层各指标的评分，再以此为基础计算目标层、系统层各指标的得分，最终得出目标村镇的总体评分。计算方法为：

$$P=\sum_{i=1}^{4}P_{xi}W_{xi}=\sum_{i=1}^{4}(\sum_{j=1}^{mi}P_{mj}W_{mj})W_{xi}=\sum_{i=1}^{4}(\sum_{j=1}^{mi}(\sum_{k=1}^{nj}P_{zk}W_{zk})W_{mj})W_{xi} \qquad (6.4)$$

式中，P 表示目标村镇生态环境综合得分；P_x、P_m、P_z 表示系统层、目标层、准则层各指标得分；W_x、W_m、W_z 表示系统层、目标层、准则层各指标的局部权重；mi 表示第 i 个系统层指标下包含的子指标个数；nj 表示第 j 个目标层指标下包含的子指标个数。

此外，亦可将每个指标在准则层下的局部权重，与其所处目标层和系统层的权重相乘，得出所有指标在整个指标系统中的整体权重，再进一步对目标村镇进行打分评价。计算方法为：

$$P=\sum_{a=1}^{45}P_{za}W_{za}=\sum_{a=1}^{45}P_{za}(W_{zk}W_{mj}W_{xi}) \qquad (6.5)$$

式中，P 表示目标村镇生态环境综合得分；P_{za} 表示准则层某一指标的得分；W_x、W_m、W_z 分别表示系统层、目标层、准则层各指标的局部权重。

6.4 指标权重计算软件

为了使前述绿色生态村镇环境评价方法真正具有可操作性，我们特意编写了"绿色生态村镇环境评价软件"，该软件可量化评估村镇的生态环境水平。通过输入资源、环境、生产发展与公共服务等方面的数个指标的具体值，可自动对每个指标的水平进行评分，并进行综合计算，得出被评价村镇的环境水平得分和生态环境评级。

软件中使用的评价指标体系、每个指标的评分算法、指标权重的确定和综合计算算法，均来自于背景课题的研究成果，系原创内容。由于在村镇的生态环境评价领域，目前未见系统的、可量化的评价方法，本软件的投入使用可为其他类似评价体系提供一定借鉴。

软件主界面如图 6.2 所示，详细使用说明见附录 D。

6.5 本章小结

科学合理、切实可行的生态环境指标体系对于指导绿色生态村镇规划建设，评估村镇生态环境水平具有重要意义。本文在绿色生态村镇环境评价指标体系构建完成的基础上，研究了将其应用于具体村镇生态环境水平评价时的方法。

首先，45 位规划、环境等相关领域的专家接受邀请，对绿色生态村镇环境指标体系中各指标的影响程度大小进行打分，通过专家打分法确定了评价体系中各个指标的绝对重要程度。以此为

图 6.2 《绿色生态村镇环境评价软件》主界面

据，三个层级（系统层、目标层、准则层）下各指标的相对重要程度可通过两两求差的方法确定下来。最终，通过应用层次分析法，指标体系中所有指标在其所处层级下的局部权重得以计算确定。至此，本书所述绿色生态村镇环境指标体系已被量化，可用于具体村镇的生态环境评价。

由指标权重计算结果来看，在"资源节约与利用""环境质量与修复""生产发展与管理""公共服务与参与"四大类指标中，专家们认为"环境质量与修复"相对最为重要，但重要程度差异不显著。

截至目前的研究，指标体系需完整存在，对具体村镇环境水平量化时需确定所有指标的得分值。但是有些村镇可能存在统计资料较少，测量站点缺失，不易于获取全部指标情况的问题。对此类无法获取所有指标评分的的村镇，如何在保证合理、公平的前提下，准确地对其环境水平进行评价，还有待进一步研究。

第 7 章　绿色生态村镇环境指标体系案例示范与评价

　　为使读者更深刻地理解本书所构建的绿色生态村镇环境指标体系，本章特选取崇明岛陈家镇做案例评价说明。崇明既是依托于上海全球城市建设的、国内领先、国际一流的生态岛区，也是上海现代化国际大都市建设不可忽视的重要组成部分，是上海在创新驱动、转型发展方面重要的试验田和示范地。崇明生态岛建设被定位为继浦东新区开发开放之后又一个全国性乃至世界性的区域发展样板与引领者，这就意味着崇明不仅要承担为上海 21 世纪城市建设保留战略空间的历史使命，同时也要以创新为支撑推动发展模式的转型，努力实现经济社会发展和生态环境改善的协调推进。崇明生态岛的建设近几年快速发展，已与济州岛等媲美，本书选取崇明岛中某村镇作为本书构建的案例示范评价地，具有极大的意义。

7.1　案例示范地介绍

　　本书内容为绿色生态村镇环境指标体系构建，因此，选择示范评价的具体地点是崇明陈家镇。陈家镇地处上海崇明岛东端、长江入海口，南距上海市中心城区约 45 km，距浦东国际航空港约 50 km。它东接上海实业集团公司现代园区和东滩湿地及侯鸟自然保护区，南濒长江入海口，西与中心镇隔河相望，北与上海农工商集团东旺实业总公司毗邻。镇内河道纵横，生物资源丰富。全镇总面积 224 km²，其中陆地总面积 95.9 km²，耕地面积 64 100 亩，是崇明岛最大的镇。独特的地理位置造就了其优越的生态环境和瞩目的战略空间。

7.1.1　自然环境

1）地理位置

　　陈家镇地处上海崇明岛（121° 9′ ~121° 54′ E，31° 27′ ~31° 51′ N）最东端，是上海大都市沿海大通道北翼门户。在建的崇明岛越江桥隧工程将穿越陈家镇，直接联通上海市与苏北。陈家镇具体位置见图 7.1。

　　陈家镇地处上海崇明岛东端的长江入海口，是中国最大的河流——长江入海口的第一镇，是未来沪崇苏越江通道登陆所在地，是我国"T"字形国土发展轴线（沿海轴和长江轴）的交汇点，具有重要的战略位置。

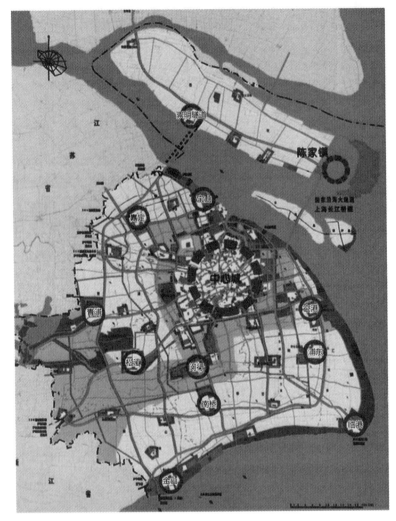

图 7.1　陈家镇地理位置图

2）地形地貌

陈家镇所在的崇明岛是由长江下泄的大量泥沙在江海交互作用下不断累积而成，因此，区域内地势平坦，普遍被第四纪疏松地层所掩盖。陈家镇的地面标高在 3.5 m 以下，局部洼地地面标高低于 3.0 m。全区地表地层为第四系松散沉积物，陈家镇和前哨农场为已经开发的水网平原区，东滩位于 1998 年大堤外侧，属典型发育过程中的潮滩湿地，滩高在 3.6—5.2 m，有芦苇带、镳草带、光滩三种类型，是长江口最大的滩涂湿地。

3）气候

属于北亚热带季风型气候，温和湿润，四季分明。夏秋季节多台风天气。夏季湿热，冬季干冷。雨水充沛，年平均气温 15.3 ℃，日照时数 2 104 小时，日照百分率 47%，全年无霜期 229 天。

优越的光照条件、充沛的雨水为陈家镇绿地、森林的建设提供了保障。台风、暴雨、干旱等是常见的灾害性气候，因此，水资源的统筹调配、综合利用对于抗旱排涝都有着重要的意义。

4）土壤、植被

受潮汐作用影响，整个崇明岛土壤主要为水稻土、潮土、盐土三大类型，适宜多种农作物种植，但土壤有机质、全氮和速效磷含量均低于标准。速效钾含量相对较高，北沿地区土壤含盐较高。规划地区北部及东滩，滩涂广阔，水产资源丰富，为候鸟迁徙途中的栖息地。野生植物种类多达百种，主要为盐生、水生植物。陈家镇地区优越的地理条件、适宜的温度及土壤特性为动植物、微生物多样性的丰富提供了良好的环境，使得水体生态多样性保护也成为水体保护的重要方面。

陈家镇土质系长江中上游夹带而下的泥沙。土壤结构以沙土为主，沙土多于黏土，表面虽经改造，土壤部分不过 1 m。个别地区仍有纵横沙带参杂在地表，部分地方因地处东北沿海，围垦前常为咸潮侵袭，盐碱成分较多，经围垦后 20 多年改造，盐碱成分大为减少。

5）水系

陈家镇地区的水系是全岛水系的一个重要组成部分，该区域水网繁密，纵横交错，八滧港、奚家港、涨水洪和南横引河等主要河道（表 7.1）呈"卅"字形，贯通南北，闸内正常水位为 2.8 m；农忙灌溉用水期间，开闸引潮，内河水位升至 2.9 m；台风暴雨时，闸内河沟水位降至 2.6 m。地面高程 3.2 m 的地区，建有排涝泵站，内部正常水位控制在 2.6 m 以下。

表 7.1　陈家镇主要河道水系

序号	名称	起讫地点	长度（km）
1	八滧港	南大堤——北口	12
2	奚家港	南口——裕安前哨交界	10.5
3	涨水洪	南横引河——裕安八大队	1.8
4	南横引河	五号坝——前哨外大堤	78.51
5	前哨闸河	前哨南大堤——八滧港北口	12.5

6）生物多样性

本区域地处江海之交，长江下泄泥沙在岛周围形成广阔的滩涂。滩涂上繁殖生长石璜（土鸡）、蟛蜞、蟛蜞、芦苇、关草、丝草、芦竹等动植物，蕴藏着较丰富的生物资源。尤其是蟛蜞，蕴藏量极大。北沿大部分地区都有，仅北四滧至前哨农场东沿 20 km 一段，估计蕴藏量即达 600 t，北八滧沿海蟛蜞密度为 20～30 只 /m²；兽类主要有黄鼠狼（俗称黄狼），早年有刺猬，现濒绝迹；两栖动物与虫类有蛇、壁虎、蜈蚣、大蟾蜍（俗称癞蛤蟆）、青蛙、蚯蚓、蜗牛等；还有农作物害虫的天敌 147 种；鸟类品种繁多，东部地区是候鸟迁徙途中的栖息之地，常有丹顶鹤等珍稀鸟类歇足。本区域紧靠吕四、嵊山和舟山等渔场。岛上河沟有鲫鱼、河蟹、河虾及其他杂鱼。除芦苇、关草、丝草等外，遍及全区域的各种草类，也是一宗丰富的植物资源。它们长于河边路旁、岸坡、田间，不仅是畜禽的天然饲料，而且是宝贵的药材资源，其中可供药用的有百余种。

7.1.2 社会环境

1) 人文历史

陈家镇是一个具有 320 多年历史的老镇。成陆于清初，建制于清康熙、乾隆年间。2000 年 12 月，经上海市委、市政府批准，撤消原陈家镇、裕安镇建制，合并成立新的陈家镇，现被市委、市政府确定为"一城九镇"之一。目前，全镇共有 2 个居委会，管辖 21 个行政村，475 个村民小组。分别是立新村、东海村、瀛东村、新桥村、铁塔村、朝阳村、溪渔村、协隆村、陈南村、陈西村、八效村、先锋村、裕丰村、鸿田村、裕安村、裕北村、画瓢村、展宏村、晨光村、裕西村以及德云村。总人口 59 197 人，总户数 23 003 户。其中，农村人口 56 464 人，22 080 户；农村从业人员为 32 068 人，从事第一产业 17 368 人，占 54%；从事第二产业 8 580 人，占 27%；从事第三产业 6 120 人，占 19%；外省流入从业人员 1 884 人。2004 年，陈家镇镇区住户 2 900 户，人口 6 200 人，其中，非农人口 3 800 人，占 61%。

2) 城乡建设

(1) 重点实事项目建设的抓紧实施。《崇明岛域总体规划》完成最终成果，进入报批阶段，崇明新城总体规划落地实施，堡镇、庙镇、新河镇总体规划编制完成。上海至崇明的长江桥隧工程如期开工奠基，陈家镇"一城九镇"试点城镇建设开始启动。总投资 9.1 亿元的陈海公路中段工程建设全面展开。

(2) 交通投入不断增加，客运能力有了新的提高。2005 年总投资 3 100 万元，建造了 3 艘高速轮和一艘车渡轮，新增客位 830 个，新增车位 28 个，这使沪崇之间的客车来往更加快速、便捷。公用事业服务体系逐步完善。通信条件不断改善，信息化建设步伐加快。信息产业加快发展，政府信息公开透明度加大，市民信息服务平台建设有序推进。崇明新城总体规划的落地实施，使住宅建设进入了一个新的阶段，城乡居民居住水平有了很大的提高。

3) 社会经济

陈家镇地区共有土地面积 224 km²，人口约 6.5 万人。土地利用以农业为主，城镇建成区面积约为 240 hm²，主要分布在三处，分别是陈家镇辖区内的陈家镇区和裕安镇区，以及前哨农场的场区。此外，园区内建有办公楼和会议中心等少量商务用地。

通过近 20 年的努力，目前陈家镇的经济结构以工业和农业为主，分别占 55.3% 和 41.2%。工业已形成了电磁电线、电工器材、棉纺织业、冶金材料、包装印刷纸业等产业门类。2005 年陈家镇完成工业总产值 15.24 亿元，比 2004 年增加 26.02%。农业以水产养殖业和蔬菜种植业为主，分别占总产值的 71% 和 22.8%。而服务业一般只占 2%~4%，其中一些资源优势型产业如生态旅游业等的开发还刚起步，产业结构尚待进一步优化和调整。

4）环境质量

由于陈家镇地区属崇明岛域成陆较晚的地区，目前还未单独设立环境监测中心，但与崇明县的环境质量现状差异不大，因此根据政府公报——崇明县环境状况公报（2005 年）中环境质量现状表述陈家镇地区环境质量现状。其监测结果表明，土壤、水体与环境空气中各污染物含量均在所采用的标准之内，符合绿色食品水产的环境质量要求。对发展绿色食品生产极为有利。优越的农业生态环境，为发展无公害有机食品提供了良好条件。

5）生态指标达标现状

国家生态市考核条件与标准共有 36 项指标，其中经济发展指标 7 项，环境保护 21 项和社会进步指标 8 项。陈家镇地区在以往的生态指标统计方面资料不够齐全，根据 2005 年所调查的陈家镇社会、经济与环境等的统计数据，对其达标状况分析如下：

2002 年陈家镇地区社会子系统的指标达标程度低于综合水平，仅有 25% 的指标达标。

2005 年陈家镇地区有 45.4% 的指标达到了考核标准，特别是环境子系统的指标达标情况良好，有 66.7% 的指标达到了标准。未达标的指标有秸秆综合利用率、规模化畜禽养殖场粪便综合利用率、化肥施用强度、农村卫生厕所普及率。

比较突出的问题是经济子系统的指标，7 项指标中仅一项达标，有 5 项未达标，1 项未统计。说明陈家镇需要进一步加大经济发展的力度，大力发展循环经济，并要加强绿色农业建设。在城市化水平、环境保护宣传教育普及率等方面，还需要进一步努力。

7.2　陈家镇各项指标调查

根据课题组的调研，对陈家镇相关指标进行调研，并整理如下。

7.2.1　土地规划

土地规划指标包括：①村镇规划、用地的合理性；②受保护地区所占国土面积的比例。

陈家镇从属于崇明生态岛，因此，陈家镇的建设也是崇明生态岛的建设不可或缺的一部分。由于陈家镇地理位置的特殊性，特把陈家镇作为崇明生态岛建设重中之重的一部分。因此，在上海市科委崇明中心等项目管理组的带领下，经过反复考究，形成完整的陈家镇的总体规划，并有《上海崇明陈家镇总体规划（2009—2020）》等报告公布。在总体规划中，陈家镇绿地景观系统规划总体形成"一轴、一带、三心、四廊"的格局见图 7.2。

- "一轴"：城镇绿色景观的主轴线，东西向贯穿镇区中央，东滩火车站－郊野森林－森林商务区－中央景观湖－国际高教区－湿地公园串接起来，形成了自然绿色景观与城镇人文

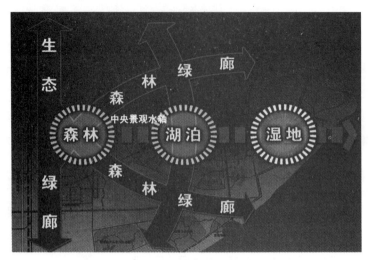

图 7.2　陈家镇－东滩地区绿地景观系统规划图

景观相交织的特色空间序列。

●"一带"：南侧、东侧和北侧大堤沿线的环岛沿海防护林带，结合海岸基干防护林带、农田林网、滨海湿地保护和恢复以及其他防护林生态工程建设，在陈家镇建立一个"点、线、面""带、网、片"有机配置的综合防护林体系，在外围地区形成一条环岛的绿色生态走廊，增强抗御台风、海啸、暴潮等重大自然灾害能力，维护国土生态安全。

●"三心"：中央景观轴线上的三片大型自然开放空间，分别是与崇中森林区相连通的西部郊野森林、以设有国际论坛岛为标志的中央景观湖泊和开展野生动植物科普教育和生态体验观光的东滩湿地公园。

●"四廊"：镇区各组团之间及与外围功能区之间留设的四条生态绿廊。

陈家镇总面积约 224 hm^2，其中陆地面积 95.9 hm^2，其陆地利用现状如表 7.2 所列。而其余 129.1 hm^2 为水体面积，含有多种珍稀物种，属于生态自然保护区。

表 7.2　陈家镇土地利用现状表

用地分类	面积（hm^2）	比例
中心镇区建成区	462	5.87%
宅基地	2 593	27.32%
农田	5 698	60.04%
河流	737	7.77%
总面积	9 490	100.00%

本项所含指标调查结果如下：

● 村镇规划、用地的合理性。陈家镇的总体规划和详细规划已依法编制，并提交相应部门审批并公布，且满足《村镇规划标准》和相关规范的要求；

● 受保护地区所占国土面积的比例。按现有实际面积计算，辖区内有各类（级）自然保护区、风景名胜区、森林公园、地质公园、生态功能保护区、水源保护区、封山育林地等面积占全部陆地（湿地）面积的百分比为 57.6%。

7.2.2 村镇用地选址与功能分区

村镇用地选址与功能分区指标包括：公共服务设施完善度、人均休闲娱乐用地面积和公共交通便利性。

随着沪崇苏跨海桥梁隧道工程的启动，陈家镇的城镇地位获得了极大的提升，无论是城镇规模、等级还是城镇职能、发展水平都发生了重大的变化。陈家镇的公共设施配置，是以陈家镇"社区 - 邻里"的空间体系为基础，依据邻里单元和社区的人口规模，同时参考了上海市城市居住区公共服务设施设置的有关标准建设。陈家镇公共服务设施配置划分为两大层面：

1）城镇及社区级公共服务设施配置

陈家镇城镇及社区级公共设施主要包括：行政管理类、综合服务类、文体教育类、市政公用类。

（1）行政管理类设施：城镇行政管理机构（镇政府）独立建造，位于传统城镇中心，并兼顾与其他区域的便捷联系；派出所是户籍与治安管理等职能的办公机构，用地规模 1 500 m²，用地指标 15~30 m²/ 千人；社区行政事务受理中心具有社会保障、居民事务受理等管理职能，用地面积 600 m²，用地指标 6 m²/ 千人；城镇管理监督办公机构具有城镇市容管理等职能，用地面积 300 m²，用地指标 6 m²/ 千人。税务所、工商所办公机构具有相应专业管理等职能，用地面积 200 m²，用地指标 4 m²/ 千人，可以综合设置。以上用地面积总共 2 600 m²。

（2）综合服务类设施：既包括赢利性的商业、金融、娱乐等市场主导型设施，也有承担部分社会公益性的医疗等职能单位。其中：城镇级商业、金融、娱乐中心以陈家社区为重点，设施全、品质高，建设总量以综合市场需求状况决定。公益性的设施有：城镇级中心医院，按城镇综合医院建设标准设施，用地面积约 4 hm²。福利院（敬老院）主要体现养老、护理等功能，用地面积 4 000 m²，用地控制性指标 80 m²/ 千人；工疗康复中心具有精神疾病工疗、康复、残疾人寄托、保健等职能，用地面积 1 600 m²，用地控制性指标 32 m²/ 千人。社区服务中心用于社会事务中介、协调、指导、教育等，用地面积 600 m²、用地控制性指标 6 m²/ 千人。以上公益性服务机构的选址主要位于裕安社区内。

（3）文体教育类设施：城镇级文化中心包括社区文化活动中心（含青少年活动中心、图书馆、文化馆、科普站等设施），位于陈家社区内，用地面积不小于 5 000 m²，用地控制性指标 100 m²/ 千人；城镇级体育中心包括各类体育健身场馆和综合运动场，主要位于陈家社区内，占地面积不小于 12 000 m²，用地控制性指标 240 m²/ 千人；同时，根据岛域发展规划，在陈家镇地区设置高中 1 所，选址于裕安社区，占地面积 46 000 m²。

（4）市政公用类设施：环卫所作为清运生活垃圾、环卫管理单位，用地面积 2 500 m²；35 kV 变电所，用地面积 1 200 m²；市政营业站用于煤气、供水、供电等服务管理功能，用地控制性指标 6 m²/ 千人，可综合设置；上述设施均位于裕安社区；邮政支局、电信支局，占地面积 1 750 m²，位于森林型商务－教育研发区；另外，消防站共三处，每处占地面积 4 500 m²，分别位于陈家社区和森林型商务－教育研发区内。

2）片区邻里级公共服务设施配置

邻里单元作为陈家镇"社区－邻里"体系的下一层次，则依据舒适步行 5 分钟的距离范围（约 500 m）为半径进行确定。陈家镇片区邻里级公共设施中，行政管理类包括以邻里街坊为单位的居民委员会，行使管理、协调等职能，用地面积 132 m²，用地控制性指标 33 m²/ 千人；治安联防站和物业管理可以综合设置。

综合服务类设施中，商业、文化、娱乐等设施根据市场需要进行相应配置。其中：室内菜场以居住小区规模每 2.5 万人设置一处，用地面积 3 700 m²；24 小时便利店、银行网点、书店、医疗保健、餐馆、维修及物资回收站等综合服务设施在邻里组团规划建设时综合考虑，布局形式相对灵活。

文化教育类中，初级中学和小学按照每 2.5 万人设 1 处，小学用地面积在 21 770~25 820 m²，初中用地面积在 19 670~22 980 m²，同时考虑创建老年学校。幼托按照每 1 万人设置 1 处的标准考虑，占地面积在 6 490~7 200 m²；托老所在每个邻里中心设置一处，用于老年人休息、活动、保健、康复等功能，用地面积 1 000 m²；在邻里组团普及健身苑和健身点。

市政公用类设施：邮政所按照每 2 万人设置一处，用地面积 80 m²，可以结合其他设施一起建设；煤气调压站按每 1 万人设置一处，用地面积 240 m²；10kV 配电所，每 500~800 户设一处，用地面积 350 m²；环卫道班房及公共厕所，每 1 万人设置一处，用地面积 60 m²；公用事业管理与维修办事处，每个邻里中心设置一处。

陈家镇目前与岛内外的交通联系主要通过公路实现。通过陈海公路与县城和岛南侧的主要渡口连通，通过北沿公路与岛北部相连。主要对外客运交通方式包括私人小汽车、公交线路、个体面包车、摩托车、自行车、人力车等，货运方式主要为货车。陈家镇将形成环状公交干线网，采用 BRT 系统，站距为 500～1 000 m，并设两个公交始末站。

本项所含指标调查结果如下：

- 公共服务设施完善度：片区邻里级公共服务设施设置，即解释各种公共服务设施，学校服务、养老服务、医院服务、商业服务等服务半径均在 500 m 以内，服务所覆盖的用地面积为 78.6 万 m²。根据陈家镇的社区邻里建设，每一个公共服务设施的服务区域总面积不超过最大每一个社区邻里的总面积，陈家镇共分为裕安社区、陈家社区、中央社区三个居住社区，总居住面积为 462 万 m²，则各项公共服务设施覆盖比例不小于 51%。

- 人均休闲娱乐用地面积：休闲娱乐用地指老年及青少年活动室，面积较宽裕、设施配套完整的球类练习室或其他活动室等。陈家镇休闲娱乐用地面积指标为 240 m²/ 千人，即 0.24 m²/ 人。

- 公共交通便利性：公交站点 500 m 半径范围内可覆盖的村镇生活区和工作区面积占总生活区和工作区的面积比例。陈家镇公共交通站点 500 m 半径范围内覆盖的生活和工作区面积约占总生活区和工作区总面积的 50%。

7.2.3 社区与农房建设

社区与农房建设指标包括：农村卫生厕所普及率、绿色农房比率和绿色建材使用比率。

通常，城镇现状人口规模与分布是决定"社区－邻里"体系的基础。从陈家镇的现状来看，其人口居住地主要集中在三处，即原裕安镇区、原陈家镇镇区、以及前哨农场场部，彼此间联系松散，建设规模有限。然而，伴随崇明岛开发的启动，陈家镇作为桥头堡的突出地位，其城镇功能定位获得了极大的提升。立足于海岛花园镇的战略目标，陈家镇以生态居住、知识研创、休闲运动、清洁生产四大功能为主导，在布局形态形成了"四片穿插、Y 型组合"的城镇与田园相交融的格局。而陈家镇"社区－邻里"体系正是在结合此四大功能片区的基础上，参照定义社区的基本人口规模（3 万～5 万人），进行整合的结果。新型农村社区是在原裕安镇区的基础上形成的农村居民安置集中区域，远期规划人口达到 5 万人；实验生态社区是建设体现国际先进生态理念与技术水平的实验区域，具有较高的环境品质要求和人口容量限制，因而远期规划人口为 3 万人；中央社区（森林型商务－教育研发区）则是陈家镇未来的清洁产业集中区域和城镇中心地所在，远期规划人口为 4 万人。这三大社区在城镇空间布局上，充分利用了彼此的地理环境特征，依托 Y 型的景观水系的纽带联系作用，在空间上形成强烈的呼应关系，同时又兼顾了城镇建设各方的实际利益。

邻里单元作为陈家镇"社区－邻里"体系的下一层次，是依据舒适步行 5 分钟的距离范围（约 500 m）为半径进行确定的，其人口规模控制在 5 000~10 000 人。其中：陈家镇实验生态社区由 1 个社区中心和 3 个邻里片区组成；裕安社区由 1 个社区中心、3 个邻里片区组成；森林型商务－教育研发区则由 1 个中心岛会议功能区和 7 个邻里片区组成。整个"社区－邻里"体系的确定为陈家镇的公共设施配置与完善奠定了基础（图 7.3）。

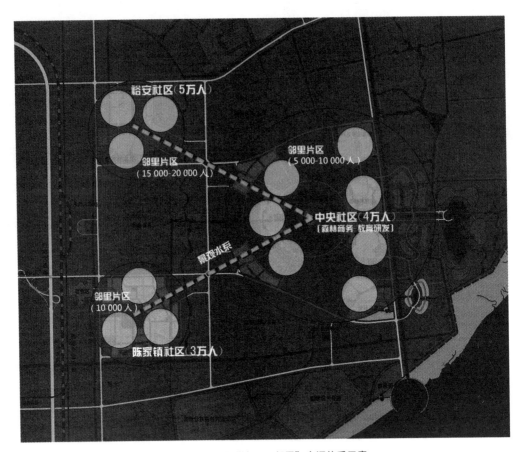

图 7.3　陈家镇"社区－邻里"空间体系示意

陈家镇提出进行生态建筑的建设。

生态建筑（ecological building），从三大方面，即：①以人为本；②营造健康舒适的使用环境、资源的节约与再利用；③与周围生态环境相协调与融合，作为建筑设计以及建筑质量评价的标准。要考虑建筑全寿命周期过程中对环境和资源的影响；要考虑建筑材料及使用功能，对室内、室外，对局地、区域及至全球环境和资源的影响。

陈家镇所用建筑材料总结如下。

● 墙体：采用淤泥保温空心砖＋无机保温砂浆组成的复合保温体系。淤泥保温砖是利用河道淤泥以及自来水厂废弃污泥烧制而成的空心砖，是一种垃圾回用型绿色建材，同时还具有较好的保温性能；无机保温砂浆具有透气、阻燃、良好的热惰性以及与建筑同寿命等优点。这一保温体系既体现了资源的循环利用，又达到了良好的隔热保温效果，或还可采用粉煤灰加气砌块等自保温体系。

● 屋面：设计均为斜屋顶，架空层具有良好的保温隔热性能，加入一些类似老虎窗的通风窗口，夏季形成通风隔热层。适当位置可设置天窗引入自然采光。

- 外窗：现有设计采用中空玻璃断热铝合金，传热系数估计 3.3 W/(m² · K) 左右。建议采用性价比更高的塑钢中空玻璃，能大幅降低生产能耗，且保温隔热性能更佳。
- 遮阳：遮阳在气温逐年升高的上海尤为重要，此为降低建筑能耗提高舒适性的有效手段。现有设计中存在大量屋檐，具有一定的遮阳效果。

本项所含指标调查结果如下：

- 农村卫生厕所普及率：卫生厕所指厕所有墙、有顶，储粪池不渗、不漏、密闭有盖，厕内清洁、无蝇蛆，基本无臭，及时清除粪便，并进行无害化处理。陈家镇卫生厕所使用进行普查，通过入户观察，抽样统计，卫生厕所使用率为 100%。
- 绿色农房比率：村镇内绿色农房占全部农房的比率，根据现有《绿色农房建设导则（试行）》中要求，目前陈家镇未建有绿色农房。
- 绿色建材使用比率：绿色建材指在全生命周期内可减少对天然资源消耗和减轻对生态环境影响，具有"节能、减排、安全、便利和可循环"特征的建材产品。根据陈家镇生态建筑建设实施导则，墙体、屋面、外窗等建材的使用都考虑到以上五个方面，目前陈家镇绿色建材使用量约占总建材使用量的 30%。

7.2.4　清洁能源利用与节能

清洁能源利用与节能指标包括：①农村生活用能中清洁能源使用率；②农作物秸秆综合利用率；③节能节水器具使用率。

由于考虑到陈家镇的能源结构并非以孤立的形式存在，而是崇明岛整个能源体系中的子系统。陈家镇生态镇区能源结构的规划有其特殊性，但规划建设的着眼点必然是整个崇明岛的能源结构，因此不能把陈家镇的能源脱离崇明岛而谈。在崇明岛整体规划以前，崇明的一次能源主要是煤炭、油品和秸秆。除交通和工业用油品外，液化石油气用于居民炊事用能。农村过去完全依靠秸秆作为炊事用能，随着农村经济的发展，农村居民也开始广泛使用液化石油气，秸秆被废弃或直接在田野上烧掉。

在太阳能利用方面，崇明地区太阳能热利用很普遍，主要是家庭用或旅馆用的太阳能热水器。而太阳能发电和空间采暖系统仅作为示范，最近上海太阳能科技有限公司在崇明岛率先实施了生态风光互补应用示范工程，建成了 50 kW 屋顶并网发电系统。在示范区内，道路照明将由太阳能供电系统提供电源。

在生物质能源资源方面，以 2004 年统计数据为例，秸秆等农作物残余产量为 46.8 万吨。从图 7.4 可知，其中燃烧和焚烧各占 15% 左右，腐烂约 25%，还田 40% 左右，只有约 5% 被加工利用。大量的秸秆等生物质能未能得到有效利用。整体用能上，煤炭消耗仍旧占据绝对份额，而可

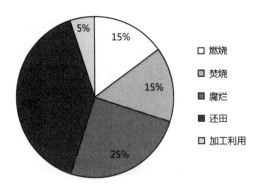

图 7.4　2004 年崇明岛秸秆等残余农作物利用图

再生的风能、太阳能等能源的使用还很少，清洁的天然气尚未使用，这与崇明生态岛的定位与发展目标不相符合。

后期崇明岛整体规划后，陈家镇能源的使用计划中，也加入了风能、太阳能、生物质能等清洁能源，并且应用技术体系研究也在不断深入。

根据对气化发电、太阳能发电、风力发电、燃煤发电的成本分析以及火力发电与可再生能源发电对环境的影响分析可知，风力发电成本为 0.354 元 /kW·h，太阳能发电成本为 1.330 元 /kW·h，生物质能气化发电成本为 0.328 元 /kW·h，火力发电成本为 0.299 元 /kW·h（不考虑环境价值）和 0.382 元 /kW·h（考虑环境价值）。因此，在目前基本不考虑环境价值的情况下，常规的燃煤火力发电具有很好的经济性，但考虑到崇明生态岛构建的大背景和生态陈家镇的建设要求，必须认真地考虑到环境价值的影响。在此前提条件下，风力发电 0.354 元 /kW·h 和生物质能气化发电的 0.328 元 /kW·h 均小于燃煤电厂的价格，风力发电和生物质能气化发电的经济性才能得到有效体现。而太阳能发电由于现阶段过高的成本还不适合在陈家镇推广使用，但作为示范点可以小规模运行。对于风能和生物质能，则可以在资源允许的条件下尽可能大力发展。

通过对风能、太阳能、生物质能的国内外技术发展状况的研究，针对陈家镇及其周边地区的可再生资源状况，进行风能、太阳能、生物质能应用技术体系研究可以考虑以下三点：

- 尽可能充分利用现有的秸秆、稻壳、柴薪等生物质能，进行气化发电或热电联产，确定装机容量。
- 充分利用陈家镇，特别是靠海的东滩区域，在保障电网安全可靠性的前提下，大力发展大型并网风力发电。
- 在继续提高太阳能热利用基础上，发展太阳能建筑一体化和屋顶光伏发电系统，推进光电发展。

崇明岛 2004 年秸秆等农作物残余产量为 46.8 万吨。总体上有效利用不到一半，燃烧和焚烧不仅热量利用率很低，还容易造成环境污染，给社会生活和经济发展造成了一定程度的负面影响。因此，可采用气化发电治理超过 20 多万吨的农作物残余。

崇明岛秸秆等资源每年约有相当于 15 万吨标准煤，完全可供 80 MW 机组发电。考虑到还田 40% 左右，加工利用 5%，实际可供发电为一半。其次，从收集和运输成本角度来说，陈家镇及其周边乡镇，约占崇明岛秸秆一半能较好地得到有效利用，因此，建立 20 MW 生物质发电示范项目工程比较适宜。

陈家镇的风力资源丰富，完全开发既不现实也不安全，若开发规模过小，则经济性很差，也不能达到有效缓解电力供应紧张和大力发展可再生能源资源的目的。因此需要合理确定风电发展规模。

崇明岛的太阳能资源比较丰富，年日照时间超过 2 000 小时，太阳能利用在崇明岛主要为供热热水器，使用已经十分普遍。后续建造主要利用方式为太阳能屋顶并网光伏发电系统和太阳能热电冷多产的建筑一体化系统。

本项所含指标调查结果如下：

- 农村生活用能中清洁能源使用率：陈家镇居民主要利用液化石油气、电能、秸秆等作为燃料，利用太阳能热水器供热水。按照清洁能源使用率的定义，陈家镇清洁能源使用率为 100%。

- 农作物秸秆综合利用率（裸野焚烧率）：陈家镇规划秸秆中，40% 还田（其中有直接还田、过腹还田等），5% 加工，剩余 55% 用于发电，经有关部分统计，秸秆综合利用率达 85%，裸野焚烧率为 0（参考崇明 2015 年数据）。

- 节能节水器具使用率：根据《节水型生活用水器具》（CJ164—2002）标准所述，现在市面上生活用水器具均符合该标准要求，而陈家镇已全部采用自来水供水，即镇内所有户数均使用节能节水器具，则节能节水器具使用率为 100%。

7.2.5　水资源利用

水资源利用指标包括：①地表水环境质量，近岸海域水环境质量；②集中式饮用水水源地水质达标率，农村饮用水卫生合格率；③农业灌溉水有效利用系数；④非传统水源利用率。

陈家镇地处崇明岛东部，主要供水水源为：①大气降水形成的地表径流；②沿江水闸引入河网的淡水。从崇明岛地表水资源量来看，可引潮水量占地表水资源总量的 89.23%，地表水资源的年际变化主要取决于可引淡水量的年际变化。因此，充分、有效利用岛内大气降水资源，是保障陈家镇供水水源稳定的一个方面；而要从根本上解决陈家镇的饮用水水源问题，还在于对长江优质过境水资源的充分利用。

根据《崇明岛域供水与污水处理系统专业规划》(2005.5)，在枯水期引淡条件最好的西部地区，辟建东风西沙边滩水库，作为崇明岛最优水质的多年调节性避咸蓄淡水库和整个崇明岛战略饮用水水源地。原水输水管规划沿陈海公路由西向东敷设，接入岛域各规划水厂，以确保原水的水质。陈家镇饮用水水源地开发建设的长远计划应纳入崇明县水源地建设总体方案统筹考虑。近期，在避咸蓄淡水库尚未建成的情况下，主要利用南横引河就近取水作为过渡水源，并在长江南岸岸边建备用取水口以便灵活调度、提高供水安全性。

陈家镇－东滩地区供水系统是崇明岛供水系统的重要组成部分，不仅要满足本地区的用水，还需与整个崇明岛域供水系统布局规划相协调，满足其周边地区的用水需求。明珠湖水库的建设和使用，可以充分保证陈家镇生态镇建设的水量、水质需要。在整个岛域的蓄淡避咸水库未建成、不得不就近取用内河微污染原水阶段，自来水厂采用投加粉末活性炭的净化工艺，以保证镇域供水水质。

陈家镇 10 万 m^2 新型农村生态示范社区的建设，将体现上海在建设资源节约型、环境友好型城镇方面的理念与成果。在小区设计建设过程中充分考虑到小区内雨水利用、污水回用的需要，经济合理地利用低品质水资源，可节约优质水资源、减少供水成本及水环境污染。

考虑到陈家镇新型生态小区水景的水质要求较高，应收集水质相对较好的屋面雨水用作景观水池的补充水，以保证景观水体良好的环境。多余的雨水可作为中水系统的补充用水，用于浇洒绿地、冲洗道路以及洗车等，出水满足《城市污水再生利用城市杂用水水质》(GB/T 18920—2002) 的水质要求。

在充分考虑雨水利用的投资规模的基础上，建议对陈家镇生态综合楼东侧约 6 栋楼的屋面雨水进行收集，考虑一定的初期雨水弃流量（可以通过单独立项研究确定，也可参照国内外相关文献，采用 2 mm 初期雨水弃流量）。雨水年理论收集量约为 1 250 m^3，满足水景补充水量要求，多余水量用于浇洒绿地、冲洗道路以及洗车等。

考虑到雨水来源的不稳定性，采用住宅楼的生活污水作为该"雨水－中水"回用系统的补充水源。根据各种杂用水的用水量分析，扣去水景补充水量，其他用于浇洒绿地、冲洗道路以及洗车等水量为 40 m^3/d，根据《建筑中水设计规范》，中水水源量宜为中水回用水量的 110%～115%，因此设计水源收集量为 46 m^3/d。考虑到生态社区排水管网建设已基本完成，对于生活污水的收集建议采用从窨井取水的方式，将收集到的洗浴、洗涤"灰水"和经过化粪池处理的"黑水"混合作为回用系统的补充水源。当然，混入"黑水"的水体氨氮浓度可能偏高，但通过合适的处理工艺是能够保证回用水水质的。

由于雨水的水质优异，中水工程在设计施工时应该与雨水利用工程相结合考虑，结合两者的各自优势（中水具有水质水量稳定等优点），最大地达到经济效益和环保效益。可行的中水处理及屋面雨水收集利用的工艺流程如图 7.5 所示。

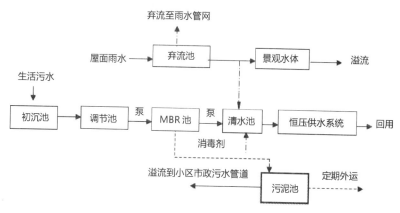

图 7.5　中水处理及雨水利用工艺流程图

由于屋面雨水初期径流污染严重，在屋面雨水的收集过程中，采用弃流池对初期雨水进行弃流，收集后期水质良好、氮磷营养物含量很低的雨水，从而确保景观水体良好的水质条件，防止富营养化的发生，多余水量则进入清水池作为中水的补充水源。

中水的处理回用和屋面雨水收集利用，能有效地利用水资源，符合国家节水政策，具有显著的社会效益。中水和雨水利用能缓解小区排洪压力和供水压力，具有一定的生态效益。中水和雨水利用运行费用低廉，可节省物业或居民的用水开支，具有一定的经济效益。中水和雨水利用工程示范能提高居民的节水和环保意识，具有显著的教育意义。

本项所含指标调查结果如下：

- 地表水环境质量，近岸海域水环境质量：据环保部门调查，陈家镇地表水环境质量，近岸海域水环境质量达标率为 95%（达到功能区标准）。

- 集中式饮用水水源地水质达标率，农村饮用水卫生合格率：据环保部门调查，陈家镇饮用水水源地水质达标率为 89.5%（参考 2015 年崇明指标）。

- 农业灌溉水有效利用系数大于 0.738。

- 非传统水源利用率：陈家镇非传统水源利用主要考虑雨水的收集利用、污水的回收利用两方面，根据文献调查，非传统水源利用率可达 45%。

7.2.6　废弃物处理与资源化

废弃物处理与资源化指标包括：①生活垃圾定点存放清运率；②生活垃圾资源化利用率；③村镇生活垃圾无害化处理率；④农用塑料薄膜回收率；⑤集约化畜禽养殖场粪便综合利用率；⑥建筑旧材料再利用率。

过去的陈家镇无统一规划建设，居民的生活垃圾大都通过分散的填埋或是焚烧方式处理，但是从 2002 年起，陈家镇的农村生活垃圾收集处置纳入了垃圾中转系统运行。在硬件上先后配备投资 60 多万元，其中，在全镇建造标准化垃圾箱房 150 间（1 600 多 m²），发放垃圾贮存桶 5 万多只，垃圾中转大桶 700 只，垃圾收集三轮车 113 辆，环卫运输车 2 辆。卫生协管员（市容协管）31 名，垃圾收集员 145 名，年支付工资分别为 26.4 万元和 69.6 万元。

陈家镇生活垃圾通过定点存放，集中清运处理，目前主要有卫生填埋、堆肥、焚烧三种处理方式。有机物含量高的垃圾可作高温堆肥，但由于堆肥技术尚不成熟，肥料肥效较低，使用较少；焚烧会产生大量的烟气，造成二次污染；卫生填埋尽管不能实现垃圾的资源化和能源化，但成本较低、易于操作。目前主要采用卫生填埋的方式进行处理。

原来的简易填埋方式由于缺乏相应的防渗透措施及污水处理设备，导致垃圾的有害物质渗入土壤、地下等，对人体及环境造成危害。为防止以上情况，陈家镇引入新型垃圾制肥设备，切实做到垃圾无害化处理和垃圾的有效利用，并建立垃圾处理厂，专业无害地处理垃圾。

在农用薄膜回收上，陈家镇利用机械和人工相结合的措施，加大薄膜的回收力度。在翻地、平整土地、播种前或收获后这几个过程都可采用农膜回收机，进行农用薄膜的有效回收。另外，陈家镇还倡导农民利用韧性较强的薄膜，一方面不易损坏，使用效果好；另一方面方便回收。

比如处理建筑垃圾，钢铁回炉、木材燃烧发电、塑料再生、混凝土粉碎后筑路等，建筑垃圾的回收和再利用率日益升高，减少了填埋固体垃圾对环境造成的破坏，实现了零填埋。

在生活垃圾资源化利用、无害化处理、农用薄膜回收、粪便综合利用、建筑旧材料再利用等方面，陈家镇切实做到了以下几点：①加大环保宣传的力度，提高农民对卫生保洁重要性的认识，克服随处扔垃圾的习惯，如图 7.6、图 7.7 所示；②充分调动了村级班子的积极性，发挥村干部事业中心和环境整治中的责任心，让村干部认识到搞好农村环境卫生，是为民办实事、建设和谐新农村的主要内容，是一项上下关注的大事；③寻找、实施高效、低成本的无害化处理垃圾的方法。如将垃圾分类，将可用于沤制农家肥的垃圾还田，将建筑垃圾做无害化处理后结合土地复垦、植树造林进行填埋，有害垃圾统一处理；④设立农村环境卫生专项资金，适当征收垃圾处理费等以解决垃圾处理的资金问题。

本项所含指标调查结果如下：

- 生活垃圾定点存放清运率：100%。
- 生活垃圾资源化利用率：>80%（参考 2015 年崇明指标）。
- 生活垃圾无害化处理率：100%。
- 农用塑料薄膜回收率：100%。
- 集约化畜禽养殖场粪便综合利用率：95%（参考 2020 年目标）。
- 建筑旧材料再利用率：100%。

图 7.6　陈家镇生活垃圾定点存放　资料来源:《陈家镇志》

图 7.7　陈家镇生活垃圾转运站　资料来源:《陈家镇志》

7.2.7　污水处理

废弃物处理与资源化指标包括: ①化学需氧量（COD）排放强度; ②村镇生活污水集中处理率; ③村镇污水再生利用率。

生活污水是指人类在生活过程中产生的污水, 按地域分为城镇生活污水和农村生活污水。随着我国经济社会的快速发展, 农村生活方式产生巨大变化, 自来水的普及, 卫生洁具、洗衣机、沐浴设施等逐渐走进平常百姓家, 农村人均日用水量和生活污水排放量呈急剧增加的趋势, 产生了大量的生活污水。虽然城镇生活污水处理率不断提高, 2009 年全国城镇污水处理率已超过70%, 但是小城镇和农村地区生活污水污染问题却越显突出, 占全国总面积近 90% 的广大农村、96% 的村庄没有排水渠道和污水处理系统, 现阶段全国小城镇污水处理率不到 10%, 农村地区生活污水处理率则更低, 绝大部分生活污水未经处理直接排放。未经处理的农村生活污水通过点源和非点源排放, 将各类污染物带入河流, 造成农村河道水体变黑发臭、鱼虾绝迹、蚊蝇孳生, 环境污染日益严重, 环境质量普遍下降, 同时对当地居民的饮用水安全构成威胁。

根据《2011 年中国环境状况公报》显示, 2011 年全国废水排放总量为 652.1 亿吨, 其中乡镇生活污水为 200 亿吨以上。2011 年全国废水共排放化学需氧量 2499.9 万吨，氨氮 260.4 万吨，其中生活污染源的贡献分别为占 938.2 万吨和 147.6 万吨，分别占总排放的比例为 37.5% 和 56.7%。

表 7.3　2011 年全国废水中主要污染物排放量（单位：万吨）

污染物	排放总量	工业源	生活源	农业源	集中式
COD$_{Cr}$	2 499.9	355.5	938.2	1 186.1	20.1
氨氮	260.4	28.2	147.6	82.6	2

根据 2011 年中国统计年鉴统计结果显示，太湖流域水环境治理区内农村生活污水的 COD$_{Cr}$（化学需氧量）、NH$_4^+$—N（氨氮）、TN（总氮）和 TP（总磷）的排放量占总排放量的比例分别为 33.47%，22.69%，21.16% 和 50.04%。

农村生活污水的来源很多，一般为冲厕污水和洗衣、洗米、洗菜、洗澡废水。具体来说，农村生活污水一般来源于以下三方面：

● 第一是厨余污水，多以洗碗水、涮锅水、淘米和洗菜水组成，还包括家庭清洁、打扫以及生活垃圾堆放渗滤产生的污水。由于生活水平的提高，农村肉类食品及油类使用的增加，使生活污水的油类成分增加。农村居民的生活污水成分正在朝不利于净化处理的方向发展。

● 第二是冲厕污水。部分农村改水改厕后，使用了抽水马桶，产生了大量的生活污水。部分农村仍在使用旱厕，且有的农户养家畜家禽，产生了冲圈水，粪便还田，粪水溢流。畜禽粪尿所含的氮磷及 BOD 等浓度很高，冲洗水中的 COD、BOD$_5$ 和 SS 浓度也很高。资料显示，养殖一头猪产生的废水是一个人的 7 倍，而养殖一头牛则是 22 倍。

● 第三是生活洗涤污水。洗涤用品的使用使洗涤污水含有大量化学成分。例如，太湖洗衣废水占生活污水的 21.6%，巢湖、滇池大约为 17.9%。有调查显示，92% 的农村家庭一直使用洗衣粉，6% 的家庭同时使用洗衣粉和肥皂，只有 2% 的家庭长期使用肥皂，而洗衣粉的大量使用加重了磷负荷等问题。

农村生活污水中主要是生活废料和人的排泄物，一般不含有毒物质，以氮、磷、细菌、病毒和寄生虫卵为主。因生活习惯、生活方式、经济水平等不同，农村生活污水的水质水量差异较大，主要有以下几个特点：

● 污水分布较分散，涉及范围广、随机性强，粗放型排放，基本没有污水处理设施。

● 农村人均用水量明显低于城市。农村居民生活用水量一般仅为城市居民生活用水量的 30% 左右。

● 排放系数明显低于城市。城市生活污水排放系数一般为 0.8 左右，而农村一般不到 0.5。

● 污水成分复杂，但各种污染物的浓度较低，因为农村生活污水中浓度较高的部分如厨房污水一般都被综合利用了；村镇居民环保意识差，经济水平相对落后，治理上也存在较大困难。

经有关调查，2012 年崇明城镇污水处理率达到 81.7%，但是，农村生活污水收集处理率不足 20%。农民生活中产生的生活污水基本上不处理，经简易化粪池简单处理后直接排放至附近的泯沟和河浜，随意排放生活污水。经调研发现，崇明县农村生活污水一般有以下三种排放方式：

- 卫生间粪便废水大多通过管道排入自家建造的简易化粪池；
- 洗涤等废水则直接排放到门前屋后的小沟渠内；
- 通过自家院内的渗坑排放而直接渗入地下，大多数农户家的厨房洗涤污水采用这种排放方式。

根据《崇明县陈家镇供水与污水处理系统专业规划》，陈家镇远期污水量将达到 8 万～ 10 万 m^3/d。陈家政拟建设大型人工湿地集中处理陈家镇污水，从土地规划、管线布置、动力消耗、工程投资以及未来各功能区建设中水回用系统等各个角度考虑，是存在一定可行性的。陈家镇地区土地资源丰富、绿地规划面积较大，各功能区规划已初步成形，新建大型集中生态污水处理厂从土地使用上来看是可行的，可以选择位于各个主要规划功能区中央位置的郊野森林公园新建湿地污水处理厂，这样，污水收集总管距离相对短，工程投资相对节约，对于陈家镇部分规划功能区拟建的中水回用系统，也能降低其工程造价。

另外，陈家镇也考虑采用分散的小型湿地污水处理厂就地处理邻近污水。分散处理能够充分利用陈家镇丰富的土地资源，分片开发，湿地尾水也能就近回用，降低管线布置费用，为各个功能分区提供优质的回用水。且小型分散的湿地污水处理厂对周边环境的影响较小，设计运行和维护过程相对灵活、简单。

生活污水通过独立的收集管网收集，经初沉池初沉后自流进入调节池均衡水质水量。调节池的水经泵提升进入膜生物反应器以降解有机物后，用抽吸泵抽吸到清水池，由恒压供水系统供水。清水池内投加 NaClO 溶液消毒。考虑到混入生活污水的回用水源的水质情况，COD 浓度适中、氨氮浓度偏高，采用膜生物反应器（MBR），能够大大简化处理流程，减小占地，且可以确保优质稳定的出水。初沉池和 MBR 的剩余污泥排放到污泥池浓缩储存，定期由环卫部门抽吸外运。

本项所含指标调查结果如下：

- 化学需氧量（COD）排放强度：5.63 kg / 万元 GDP。
- 村镇生活污水集中处理率：85%（参考 2015 年崇明指标）。
- 村镇污水再生利用率：80%。

7.2.8　环境修复

环境修复指标包括：①森林覆盖率；②村镇人均公共绿地面积；③退化土地恢复率；④化肥施用强度（折纯）；⑤农药施用强度。

陈家镇目前是一个以农业生产为主题的农业乡镇，目前下辖 21 个行政村。按照新的规划，东滩保护区、上实东滩园区和前哨农场纳入统一规划。由于以农业为主体，陈家镇规划研究范围内没有传统意义上的真正城镇绿地。其绿地类型可以粗略分为如下几类：崇明东滩自然保护区湿地植被、各居民区绿地、农田绿地、园艺种植绿地、养殖塘湿地植被和河流湿地植被。

1）崇明东滩自然保护区湿地植被

崇明东滩自然保护是长江口地区重要的河口湿地，总面积241.55 km²，其中滩涂面积约97 km²。保护区分核心区、缓冲区和试验区。核心区位于1998年人工圩堤的外侧，核心区基本属于潮间带滩涂湿地，植被以芦苇、互花米草、海三菱镳草等为主要特征，是重要的野生生物生存保留地，其中小天鹅、白头鹤在这里越冬，大量的雁鸭类和鸻行类鸟类迁徙途中在这里补充营养。

2）各居民区绿地

崇明各居民区的绿化非常粗放，大部分农村居民点没有绿化，仅有房前屋后的菜地、果树和杂草，比较大的单位会包括一些花坛和树篱，此外在村内的主干道路零星种植一些道旁树。

3）农田绿地

农田植被是陈家镇主要绿地类型，目前主要以夏秋两种两熟的管理方式，冬春以油菜为主，夏秋以水稻为主。

4）园艺种植绿地

陈家镇靠近上海，城市建设对花卉苗木的需求，拉动了一些村民种植园艺植物。

5）鱼塘湿地植被

鱼塘湿地是陈家镇规划范围内重要的土地利用类型，鱼塘绿地的主要特点是大面积的水体以及其周边的芦苇湿地。

6）河流湿地植被

陈家镇是长江口滩地地貌，受自然和人为双重作用，形成河流密集的水网特征，其中八效港、涨水洪和南横引河是主要骨干河流，河流两侧的芦苇是陈家镇重要的绿地类型。

本项所含指标调查结果如下：

- 森林覆盖率：22.53%（参考崇明整体数据）。
- 村镇人均公共绿地面积：15 m²（2020年目标）。
- 退化土地恢复率：90%（参考崇明整体数据）。
- 化肥施用强度（折纯）：250 kg/hm²（2020年目标）。
- 农药施用强度：250%（参考2015年崇明指标）。

7.2.9 空气质量

空气质量指标包括：①主要大气污染物浓度；②空气质量满意度。

陈家镇区域环境空气质量良好，基本达到一级标准要求。SO₂、NOₓ小时浓度值均符合《环境空

气质量标准 (GB 3095—1996)》一级标准，PM_{10} 存在一定超标现象，主要原因为裸露地面扬尘所致。

根据环境空气影响分析，陈家镇区域规划实施后，整个区域将使用清洁能源，同时基本无工业废气排放，因此环境空气中 SO_2 和 NO_x 等污染因子较现状而言，不会有大的变化；随着区域的开发，道路绿化及生活居住小区的环境美化，区域裸露地面将减少，届时 PM_{10} 浓度比现状会有明显改善。

本项所含指标调查结果如下：

- 主要大气污染物浓度：SO_2 为 9 μg/m³，NO_x 为 20 μg/m³。
- 空气质量满意度：>95%。

7.2.10　声环境

声环境指标包括环境噪声达标区的覆盖率。

根据陈家镇总体规划布局和土地利用方案，噪声源主要包括工业园区内工业生产噪声、交通噪声、旅游观光噪声和风力发电噪声。

1）工业噪声

工业园区内工业企业固定噪声源一般均要求采取控制措施，做到达标排放 [厂界噪声昼间 65dB(A)、夜间 55dB(A)]。

从整个镇区的功能区布置来看，工业园区周边基本为农田，其距离最近的镇区陈家镇约 2km，且中间还隔有沿海大通道、沿海铁路、轨道交通 R4 线。因此，绿色产业区内的工业企业噪声相对于沿海大通道、沿海铁路、轨道交通 R4 线等交通噪声而言要小得多，因此基本不会对镇区声环境产生不利影响。

2）交通噪声

本次交通噪声影响分析主要针对上海高速公路网的 A14 线、轨道交通 R4 线、沿海铁路、"三纵四横"干道以及南横引河。

预测结果显示：布置在西侧的对外大交通 (A14 线、轨道交通 R4 线和沿海铁路) 由于距离中心镇区有一定距离，总体影响不大；但区域内部各类交通对噪声环境敏感目标会不同程度地产生影响。

3）旅游观光噪声

主题公园尽管噪声源强度较大，但由于设置在陈家镇的北部，与各敏感目标相距较远，故总体影响不大。

湿地观光区由于紧靠鸟类保护区，且所在区域同样是东滩鸟类的主要栖息地，因此若观光客流和区域不加以控制，其旅游噪声可能会对鸟类产生一定影响。

4）风力发电噪声

目前，有关风力发电对鸟类的影响研究还是一个新的课题，例如风力发电的低频噪声和旋光是否影响鸟类等，建议对此跟踪监测。

根据噪声监测结果现状，目前东滩鸟类保护区内非常安静，完全可以达到 I 类功能区要求；陈家镇集镇区域昼间声环境可以达到 II 类功能区要求；交通干道两侧基本可达到 IV 类功能区要求。

本项所含指标调查结果如下：环境噪声达标区的覆盖率达到 100%（参考崇明 2020 年指标）。

7.2.11 生态景观

生态景观指标包括：①物种多样性指数，珍惜濒危物种保护率；②河塘沟渠整治率。

东滩拥有丰富多样的生态环境，如大面积的水域、鱼塘、蟹塘、芦苇带、潮间带泥藤滩和草群落。物种的丰富度是上海地区同类型生境中最高的，拥有高等植物 122 种；鸟类 312 种；除鸟类外的陆生脊椎动物 26 种；陆生无脊椎动物 150 种；鱼类 73 种。其中湿地鸟类的种类占中国已知湿地鸟类种类的 50% 左右。东滩鸟类中有 29 种为全球性濒危和稀有物种，3 种列入国家一级重点保护动物。而鱼类中的中华鲟亦被列为国家一级保护动物。

上海作为太湖流域传统的江南水乡之一，河网发达、水系密布，全市共有河道 35 743 条，长 24 915 km，河网密度 3.93 km/km^2，面积 569.6 km^2，农村生活污水污染控制的意义重大。陈家镇乃至整个崇明生态岛，通过河道综合整治，全市河道水面干净整洁，水质明显好转，并建成了一批水景绿相呼应，点线面相结合，自然、生态、人文、科技相映成趣的滨水景观，发挥了河道水系的综合功能，河道周边居民的生产、生活条件大为改善，社会公众对河道水环境的满意度不断提高。根据某公司对水环境治理的公众测评调查结果显示，全市河道水环境治理总体评价得分为 82.5 分，河道周边居民与企业对水环境的满意度为 93.7%。

沟河管理对提高疏浚后续成果、增强排灌功能、改善水质、保障人民身体健康有着重要意义。为使沟河达到永清、面洁、岸深、底洁、有绿的目标。从 2004 年起，镇政府专门组建了沟河保洁员队伍。沟河保洁员主要的职责包括：清除水面漂浮物，如生活垃圾、建筑垃圾、秸秆、水葫芦、河漂草、水花生等杂物，清除和制止河道设置内的阻水障碍物，网络子、网条、地笼、沉排、竹笼等阻水物；清除河坡、河平台上的枯萎柴草，如芦苇、茭白、柴等；保护河道两侧圩堤、护坡不受认为损坏；维护好河道管理范围内的绿化。

本项所含指标调查结果如下：

- 物种多样性指数，珍惜濒危物种保护率：7%；
- 河塘沟渠整治率：100%。

7.2.12 清洁生产与低碳发展

清洁生产与低碳发展指标包括：①农民年人均纯收入；②城镇居民年人均可支配收入；③特色产业；④单位 GDP 能耗；⑤单位 GDP 水耗；⑥单位 GDP 碳排放量。

　　2005 年左右，受交通局限性的影响，陈家镇农民年人均年收入约为 5 388 元 / 年，而上海其他郊区农民人均年收入为 8 100 元 / 年，收入水平明显偏低。近几年，随着崇明岛的整体规划，村镇的大力建设，陈家镇的养殖业、种植业和旅游业逐渐发展，年人均纯收入近 2 万元。

　　陈家镇目前产业结构以养殖业、种植业和旅游业为主。就瀛东村而言，村中现有鱼塘 1 200 亩，淡水养殖渔业是村中的主要产业形势。村中主要经济作物为水稻、蔬菜等。近年来村内开展立体养殖和生态养殖模式，开发了鱼蟹混养、稻田养蟹、无污染蔬菜和优质大米等种养殖项目，全村的经济效益大幅度提高。此外，从 2001 年起，村里开展了"渔家乐"等生态旅游项目，2005 年国内外游客就达 7 万余人次，旅游业收入 500 多万元。以渔业为主题的生态旅游业成为陈家镇一个崭新的经济增长点（图 7.8）。

图 7.8　陈家镇经济现状

陈家镇实行集体经营和个体承包责任制相结合的双层经营模式，即"统一经营、家庭承包、因地制宜、分散饲养"的"两头统、中间包"的经营方式。村里将鱼塘、粮田、林地分散承包给农户负责管理，人人参与承包经营。由各村村里提供生产服务，如产前生产资料采购、产中技术咨询、饲料供给，产后销售等。

在产业生态方面，以发展生态农业技术为基础，建成了适于陈家镇农田环境的土壤修复、病虫害防治、稻田养虾、稻田养蟹等种养结合方式的生态农业发展模式与技术体系；以支撑蔬菜产业为重点，开展陈家镇地方特色蔬菜种质资源利用技术研究、有机蔬菜生产支撑技术研究，建立了优质、高效的有机蔬菜产业发展技术体系；以发展循环经济为核心，建立了低碳、低成本、低养护，高效益的生态林产业发展的模式。

- 大力发展高效生态农业，以设施农田建设和绿色种养技术推广为重点，有效降低化肥、农药使用强度；种养结合，建立了 7 个畜禽标准化养殖基地、6 个林下养殖示范基地；政企合作，推动良种产品培育，成功引入一亩田、多利农庄、海岛生态农业园等一批行业领军企业，推动主要农产品无公害、绿色食品、有机食品认证，特别是以水稻和芦笋为主的有机食品，逐步跻身高端健康食品行列。生态岛成为全市最大的蔬菜基地，为稳定市区菜价、保障全市食品安全作出了巨大贡献，被农业部认定为"国家级现代农业示范区"（图 7.9）。陈家镇的高效生态农业，推动农产品无公害、绿色食品、有机食品认证，提高农产品附加值。实施"农超""农标"对接，居民可在超市和标准化菜场买到新鲜优质的金瓜丝、白扁豆、河蟹等崇明特色农产品。崇明蔬菜在上海很受欢迎，已有 300 多家直销点。

- 悉心培育现代服务业，生态旅游能级提升。以休闲农业和乡村旅游为龙头，立足生态资源优势，着力打造生态旅游集聚地，创立"西沙湿地保护与利用双赢模式实践区"，成为市民理想的休憩旅游地之一，实现日接待高峰旅游人口 3.2 万人，旅游产业发展能级和规模有所提升。

图 7.9 高效生态农业

- 以生态旅游为龙头，养老产业为增长点，有序提升岛内生活性服务业发展水平。从陈家镇的发展前景看，农业"嫁接"旅游，通过第三产业拉动第一产业，第一产业再带动第三产业，农业与旅游业融合发展的模式与生态陈家镇发展绿色经济相互契合；同时，农业与旅游业的融合，可以让大量的农村人口就业从第一产业转到第三产业。与此同时，以前卫村、瀛东村、绿港村、南江村等农业生态游为特征的旅游品质不断提升，庄园式农家乐等发展迅速。

本项所含指标调查结果如下：

- 农民年人均纯收入：6 900 元；
- 城镇居民年人均可支配收入：19 590 元（参考 2015 年统计）；
- 特色产业：旅游业、有机蔬菜、养殖业等；
- 单位 GDP 能耗：0.42 吨标准煤 / 万元（参考 2015 年崇明指标）；
- 单位 GDP 水耗：<20 m^3/ 万元（参考 2015 年崇明指标）；
- 单位 GDP 碳排放量：0.06 吨 / 万元，达到所在地的减碳目标。

7.2.13 生态环保产业

生态环保产业指标包括：①环境保护投资占 GDP 比重；②主要农产品中有机、绿色及无公害产品种植面积的比重。

陈家镇 - 东滩地区东北、沿路北侧地区，以发展种源生态农业为主，结合崇明有机食品生产示范园区建设，大力引进先进的生态型现代农业技术和生产管理方式，建设一个包含高效益的农业种植、水产养殖、农产品加工，同时又集观光、展示、休闲等多元功能于一体的现代化的生态农业示范区。

本项所含指标调查结果如下：

- 环境保护投资占 GDP 比重：5%；
- 主要农产品中有机、绿色及无公害产品种植面积的比重：90%（参考崇明 2020 年目标）。

7.2.14 公众参与度

公众参与度指标包括：①公众对环境的满意率；②环保宣传普及率；③遵守节约资源和保护环境村民的农户比例。

2006 年 6 月，有关研究小组在陈家镇进行了一次以问卷为基础的环境意识调查活动，接受调查的共有 66 人，其中镇政府干部 7 人，花漂村村民 59 人，7 名干部是代表镇政府参加课题组座谈会的全体成员。陈家镇有 21 个行政村，以花漂村为调查对象，是因为该村距镇政府机关比较近。花漂村有村民 900 户，共 2 030 人。受调查对象中的男女性别比为 6/5；年龄结构集中在 40~69 区间；文化程度主要分布在小学为 19.7%，初中 36.4%，高中或中专 16.7%。

调查设计了五个方面的内容，具体为：①关于环境问题的严重性的认识；②关于当地生态环境建设主体的认识；③环境价值观；④环境行动；⑤陈家镇镇政府干部的环境意识。借助这些问题，以了解陈家镇村民对生态环境的认识和把握，以及对目前陈家镇以及本村生态环境现状的基本认知。

在有关世界性环境问题的调研中，可以看到，村民对世界普遍的环境问题有一定认知，对于一些专业性的环境问题，村民认识度还有待提高，对于当前我国以及崇明环境问题及其严重程度内容，与村民有关的土壤、水、空气、大气等环境问题的认知比较高，尤其村民非常关心土地问题。

1）关于本地环境问题责任主体的认识

调研问卷设计中，将本地环境问题责任主体分为政府、企事业和居民。数据显示了一个非常有意思的现象，居民一方面认为造成环境问题的责任更多的是在当地政府，另一方面把环境问题的解决更多地寄希望于政府。另一个需要说明的是，40%以上的居民对居民在环境问题方面的责任和作用有较高的认识，但是根据调查中了解到的情况来看，他们把这个环境问题仅仅理解为诸如不乱扔垃圾，搞好村容村貌建设的问题。

2）环境行动和环境教育

可以看到，村民对于学习环保知识的需求很大，但是本地组织居民环保活动的比例不高，活动宣传度不大，同时在调查中还了解到，社区组织的环保活动也主要是围绕村容村貌的整洁展开的，如清理生活垃圾等，而不是真正意义上的生态环境保护活动；另外调查表明当前陈家镇生态建设需要大力组织和进行环保行动和环境法制的教育与宣传。

近年来，由于崇明岛的统一规划建设，居民对环境的责任感以及有关单位环保的宣传力度都大大提升。陈家镇幼儿园定期开展"绿色环保、从我做起"为主题的教育宣传周活动。环保要求以及鼓励参与环保的政策等，都通过新闻、大字标语、微信等多种渠道宣传到每一个陈家镇居民。随着居民文化水平的提高，对环保重要程度的认知也提高了，能自觉参与遵守节约资源和保护环境。

本项所含指标调查结果如下：

- 公众对环境的满意率：95%（参考崇明指标 2015）；
- 环保宣传普及率：100%；
- 遵守节约资源和保护环境村民的农户比例：100%。

7.3 陈家镇指标星级计算

经过课题组调研，统计整理得陈家镇各项指标值汇总如表 7.4 所列。

表 7.4　陈家镇各项指标值

		编号	指标名称		单位	基础目标值	
资源节约与利用	土地规划	1	村镇规划、用地的合理性	平原地区	—	规划符合要求	
		2	受保护地区占国土面积比例		—	57%	
	村镇用地选址与功能分区	3	公共服务设施完善度	学校服务半径与覆盖比例	m	≤ 300	50%
				养老服务半径与覆盖比例		≤ 500	50%
				医院服务半径与覆盖比例		≤ 500	50%
				商业服务半径与覆盖比例		≤ 500	50%
		4	人均休闲娱乐用地面积		—	有活动室，0.24 m^2/人	
		5	公共交通便利性		—	90%	
	社区与农房建设	6	农村卫生厕所普及率		—	100%	
		7	绿色农房比率		—	无	
		8	绿色建材使用比率		—	30%	
	清洁能源利用与节能	9	农村生活用能中清洁能源使用率		—	100%	
		10	农作物秸秆综合利用率、裸野焚烧率		—	85% 0	
		11	节能节水器具使用率		—	100%	
	水资源利用	12	地表水环境质量、近岸海域水环境质量		—	达到功能区标准	
		13	集中式饮用水水源地水质达标率 农村饮用水卫生合格率		—	89.5% 100%	
		14	农业灌溉水有效利用系数		—	≥ 0.738	
		15	非传统水源利用率		—	45%	
	废弃物处理与资源化	16	生活垃圾定点存放清运率		—	100%	
		17	生活垃圾资源化利用率	东部	—	>80%	
		18	村镇生活垃圾无害化处理率		—	100%	

（续表）

		编号	指标名称		单位	基础目标值
资源节约与利用	废弃物处理与资源化	19	农用塑料薄膜回收率		—	100%
		20	集约化畜禽养殖场粪便综合利用率		—	95%
		21	建筑旧材料再利用率		—	100%
环境质量与修复	污水处理	22	化学需氧量（COD）排放强度		kg/万元GDP	＜5.63
		23	村镇生活污水集中处理率		—	85%
		24	村镇污水再生利用率		—	80%
	环境修复	25	森林覆盖率	平原地区	—	22.53%
		26	村镇人均公共绿地面积		m²/人	15
		27	退化土地恢复率		—	90%
		28	化肥施用强度（折纯）		kg/hm²	250
		29	农药施用强度		kg/hm²	10
	空气质量	30	主要大气污染物浓度	SO_2	μg/m³（1小时平均值）	9
				氮氧化物		20
		31	空气质量满意度		—	＞95%
	声环境	32	环境噪声达标区的覆盖率	昼间	—	100%
				夜间		100%
	生态景观	33	物种多样性指数（全球种群数量1%以上的水鸟物种数）		—	7%
		34	河塘沟渠整治率		—	100%
生产发展与管理	清洁生产与低碳发展	35	农民年人均纯收入	经济发达地区	元/人	6 900
		36	城镇居民年人均可支配收入	经济发达地区	元/人	19 590
		37	特色产业		—	养殖业、旅游业
		38	单位GDP能耗		吨标煤/万元	0.42
		39	单位GDP水耗		m³/万元	＜20
		40	单位GDP碳排放量		—	达到所在地的减碳目标0.06

（续表）

		编号	指标名称	单位	基础目标值
生产发展与管理	生态环保产业	41	环境保护投资占 GDP 的比重	—	5%
		42	主要农产品中有机、绿色及无公害产品种植面积的比重	—	90%
公共服务与参与	公众参与度	43	公众对环境的满意率	—	95%
		44	环保宣传普及率	—	100%
		45	遵守节约资源和保护环境村民的农户比例	—	100%

利用本书第 6 章所开发的软件，将陈家镇各项指标输入计算软件中，可以计算得到每一项指标的具体的得分值。

其中，资源节约与利用相关指标的评分结果如图 7.10 所示。可以看出，陈家镇在资源节约与利用方面做得较好，在清洁能源利用与节能、水资源利用和废弃物处理与资源化方面，多数指标均得到了满分 5 分，但是目前在农作物秸秆综合利用和生活垃圾资源化利用方面尚存不足。在土地规划、村镇用地选址与功能分区和社区与农房建设方面，仍有不少欠缺。特别应着重提高公共服务设施和娱乐设施的完善度，同时狠抓绿色建材使用和绿色农房建设。

	指标	得分
土地规划	村镇规划、用地的合理性	3
	受保护地区占国土面积比例	5
村镇用地选址与功能分区	公共服务设施完善度	3
	人均休闲娱乐用地面积	3
	公共交通便利性	4
社区与农房建设	农村卫生厕所普及率	5
	绿色农房数量	0
	绿色建材使用比率	1
清洁能源利用与节能	农村生活用能中清洁能源使用率	5
	农作物秸秆综合利用率	0
	节能节水器具使用率	5
水资源利用	近岸海域水环境质量	5
	村饮用水卫生合格率	5
	农业灌溉水有效利用系数	4
	非传统水源利用率	5
废弃物处理与资源化	生活垃圾定点存放清运率	5
	生活垃圾资源化利用率	0
	城镇生活垃圾无害化处理率	5
	农用塑料薄膜回收率	5
	集约化畜禽养殖场粪便综合利用率	5
	建筑旧材料再利用率	5

图 7.10　资源节约与利用相关指标的评分结果

环境质量与修复相关指标评分结果如图 7.11 所示。陈家镇目前在空气质量、声环境和生态景观方面生态建设已十分完善，各项指标均达到很高的水平，并得到满分 5 分。但是，在污水处理和环境修复方面，陈家镇目前还有明显不足，改善这些方面的生态建设任重而道远，其中森林覆盖率受到崇明本底条件制约导致得分较低。降低污水排放、提高污水再生利用、以及控制化肥和农药使用强度等方面应进一步加大投入和管控力度。

	指标	得分
污水处理	化学需氧量（COD）排放强度	0
	城镇生活污水集中处理率	4
	城镇污水再生利用率	1
环境修复	森林覆盖率	1
	城镇人均公共绿地面积	4
	退化土地恢复率	5
	化肥施用强度(折纯)	1
	农药施用强度	0
空气质量	主要大气污染物浓度	5
	空气质量满意度	5
声环境	环境噪声达标区的覆盖率	5
生态景观	物种多样性指数	5
	河塘沟渠整治率	5

图 7.11 环境质量与修复相关指标的评分结果

生产发展与管理和公共服务与参与相关指标的评分结果如图 7.12 所示。陈家镇在低碳环保产业建设和公众环保参与方面做得较好。目前尚存的问题主要是，陈家镇位于东部沿海经济发达地区，居民收入还非常低，应依托崇明产业结构调整的大好形势，进一步挖掘优势产业，提高农民收入。同时，还应加大对环保产业的投入。

	指标	得分
清洁生产与低碳发展	农民年人均纯收入	0
	城镇居民年人均可支配收入	0
	特色产业	3
	单位GDP能耗	5
	单位GDP水耗	5
	单位GDP碳排放量	5
生态环保产业	环境保护投资占GDP比重	0
	主要农产品中有机、绿色及 无…	5
公共服务与参与	公众对环境的满意率	5
	环保宣传普及率	5
	遵守节约资源和保护环境村民的	5
加分项		0

图 7.12 生产发展与管理和公共服务与参与相关指标的评分结果

图 7.13　总评结果

　　综合上述单项评分结果，参照前文所述的指标权重计算结果，最终总评结果见图 7.13。目前，陈家镇的生态环境建设已达到了较高水平，总得分为 73 分，可被评为一星级示范项目。陈家镇应瞄准目前在废弃物资源化、污水处理、环境修复等方面的短板，进一步加大环境基础设施建设的投入，同时应积极引导新型环保产业发展，如旅游业、农业、养老等，在努力提高居民收入的同时，统筹兼顾资源节约、环境保护的协调发展。

第8章 绿色生态村镇环境指标评估标准

8.1 总则

(1) 为规范和引导我国村镇开展绿色生态村镇环境评估工作，制订本标准。

(2) 本标准适用于我国建制镇、行政村的绿色生态村镇的环境评估。

(3) 绿色生态村镇的环境评价，应遵循因地制宜的原则，结合村镇所在地域的气候、环境、资源、经济、文化、社会等特点进行评价。

(4) 绿色生态村镇的环境评价，除符合本标准的规定外，尚应符合国家现行有关标准的规定，体现环境效益、社会效益和经济效益的统一。

8.2 术语

1) 绿色生态村镇（green ecological village）

在村镇建设、发展过程中，综合考虑资源、环境、经济、社会等多个要素，并结合村镇所在区域的气候特点和地域特征，重点关注对村镇自然环境及人居环境的保持和改善，提倡村镇居民绿色生态的生产、生活方式，以促进绿色生态村镇区域协调的一种可持续发展模式。

2) 村（village）

村为我国第四级行政区划名称，隶属于区、县辖市、镇或乡，是地方行政体系中最小的自治单位。

3) 镇（town）

镇是我国第三级行政区划名称，它的规模与行政地区介于市、县（县级行政区）与村（或村级区划）之间，一般把单独的镇叫做"建制镇"。

8.3 基本规定

8.3.1 基本要求

(1) 绿色生态村镇的环境评价应以村镇为评价对象，村镇是指我国第三级以及第四级行政区划，具有明确的规划用地范围。

（2）绿色生态村镇的环境评价包括绿色生态建设中、建成后等不同阶段。

（3）绿色生态村镇环境评价应满足以下条件：① 村镇已按绿色、生态、低碳理念编制完成总体规划、控制性详细规划以及建筑、市政、交通、能源、水资源利用等专项规划，并建立相应的指标体系；② 村镇处于绿色生态建设过程中，或者建成后阶段。

（4）申请评价方应对村镇进行技术和经济分析，合理确定村镇规模，选用适当的技术、设备和材料，对规划、设计、施工、运管阶段进行全程控制，并提交相应分析、测试报告和相关文件。

（5）评价机构应按本标准的有关要求，对申请评价方提交的报告、文件进行审查，并进行现场考察，出具评价报告，确定评价等级。

8.3.2 评价与等级划分

（1）绿色生态村镇环境指标体系应由资源节约与利用、环境质量与修复、生产发展与管理、公众服务与参与 4 类指标组成。每类指标下各项指标的总分为 100 分。为鼓励绿色生态村镇的技术创新和提高，评价指标体系还统一设置技术创新项。

（2）各项指标的评定结果为根据条款规定确定得分值或不得分。技术创新项的评定结果为得分值或不得分，若条款上没有的项，酌情给分。

（3）绿色生态村镇的环境评价指标及其权重系数共分三级。第一级指标是资源节约与利用、环境质量与修复、生产发展与管理、公众服务与参与；第二级指标是指第一级指标下设的指标；第三级指标为标准条文。

（4）绿色生态村镇的环境评价按照权重系数进行评分。各级评价指标权重系数按附录 A 确定。

（5）评价时需逐级计算指标得分。

- 三级指标得分计算。采用递进式和并列式两种 5 分制逐条评分，各条文分值见附录 B。
- 二级指标得分计算。

$$二级指标得分 = \frac{第\,1\,项三级指标得分\times权重+\cdots\cdots+第\,n\,项三级指标得分\times权重}{第\,1\,项三级指标满分\times权重+\cdots\cdots+第\,n\,项三级指标满分\times权重}\times5 \quad (8.1)$$

- 一级指标得分计算。

$$一级指标得分 = \frac{第\,1\,项二级指标得分\times权重+\cdots\cdots+第\,n\,项二级指标得分\times权重}{第\,1\,项二级指标满分\times权重+\cdots\cdots+第\,n\,项二级指标满分\times权重}\times100 \quad (8.2)$$

- 各级计算过程中应保留小数点后两位。

（6）技术创新项的附加得分按本书第 8 章的有关规定确定。

（7）绿色生态村镇的环境评价根据总得分确定绿色生态等级。绿色生态村镇的环境分为一星级、二星级、三星级三个等级。当绿色生态村镇总得分分别达到 70 分、80 分、90 分时，绿色生态城区等级分别为一星级★、二星级★★和三星级★★★。三级评价指标（条文）分值设置表见附录 B。

8.4 技术创新

8.4.1 基本要求

（1）绿色生态村镇评价时，可按本章规定对绿色生态村镇创新项进行评价，并确定附加得分。

（2）绿色生态村镇创新项的得分，可按本书第 8.4.2 节的要求确定；当各创新项总得分大于 10 分时，应取为 10 分。

8.4.2 创新项

（1）合理采用低影响开发技术，推行绿色雨水基础设施，建设海绵村镇。开发建设后径流排放量接近开发建设前自然地貌时的径流排放量或年径流总量控制率不小于 85%，评价分值为 2 分。

（2）绿色村镇建筑比例高于 20%，评价分值为 2 分。

（3）村镇设立绿色发展专项基金，用于村镇生态建设及生态科研经费投入及成果转化，评价分值为 2 分。

（4）建立绿色投融资机制，加强资本市场化运作，逐级分解减排目标，鼓励碳交易，评价分值为 2 分。

（5）结合村镇本土条件因地制宜地采取节约资源、保护生态环境、保障安全健康的其他创新，并有明显效益，评价总分值为 2 分。采取一项，得 1 分；采取两项及以上，得 2 分。

8.5 本标准用词说明

（1）为便于在执行本规范条文时区别对待，对要求严格程度不同的用词说明如下：

- 表示很严格，非这样做不可的：正面词采用"必须"，反面词采用"严禁"；
- 表示严格，在正常情况下均应这样做的：正面词采用"应"，反面词采用"不应"或"不得"；
- 表示允许稍有选择，在条件许可时首先应这样做的：正面词采用"宜"，反面词采用"不宜"；
- 表示有选择，在一定条件下可以这样做的，采用"可"。

（2）条文中指明应按其他有关标准执行的写法为："应符合……的规定"或"应按……执行"。

第 9 章　村镇能源利用系统环境影响模型

村镇能源利用系统的环境评价是一种多层次、多评价指标耦合的复杂问题。本章在大力发展绿色生态村镇和日益严重的因能源使用而造成环境问题的背景下，借鉴生命周期评价（Life Cycle Assessment，LCA）中的影响评价方法（Life Cycle Impact Assessment，LCIA）建立村镇建设能源利用系统环境影响模型，并以此筛选相关的指标因子，最后综合整理出评价村镇能源利用系统的环境影响评价体系，这可以为村镇能源系统的设计及构建提供相关的指导。本章可以推进我国绿色生态村镇的建设，对促进村镇节能减排有重要的实践指导意义。

9.1　生命周期影响评价方法

9.1.1　经典 LCIA 方法

国际上生命周期影响评价方法多达 20 多种，将其根据研究目的差异分为中间点法和终结点法。前者着眼于环境影响的中间过程，即当前被关注的环境问题，是面向问题的方法。后者更多关注于影响后果对人类健康、环境及资源等最终保护领域所造成的伤害，让人们了解产品的生产使用给人类造成的直接影响有多大，是损害为主的评价方法。

9.1.2　中间点法

目前，主要的生命周期评价的中间点方法有丹麦 EDIP 方法、荷兰环境效应 CML2001 方法等。

1）丹麦 EDIP 法

丹麦 EDIP 法见表 9.1。

表 9.1　丹麦 EDIP 法

方　　法	影响类型
EDIP2003	全球气候变暖
	平流层臭氧消耗
	酸化效应
	水体富营养化（陆地）

方　　法	影响类型
EDIP2003	水体富营养化（水体）
	人体毒性（空气）
	人体毒性（水体）
	人体毒性（土壤）
	生态毒性（慢性）
	生态毒性（急性）
	可更新资源，如：木材
	不可更新资源，如：铝
	光化学烟雾（对植物）
	光化学烟雾（对人类）
	废弃物

2）荷兰环境效应法 CML2001

荷兰环境效应法 CML2001，见表 9.2。

表 9.2　荷兰环境效应法 CML2001

方　　法	影响类型
CML2001	酸化
	气候变化（100 年）
	富营养化
	新鲜水水生生态毒性（100 年）
	新鲜水水生生态毒性（无限时间跨度）
	新鲜水沉积物生态毒性（100 年）
	新鲜水沉积物生态毒性（无限时间跨度）
	人体毒性（100 年）
	人体毒性（无限时间跨度）
	土地利用
	海洋生态毒性（100 年）
	海洋生态毒性（无限时间跨度）

方　　法	影响类型
CML2001	海洋沉积物毒性（100 年）
	海洋沉积物毒性（无限时间跨度）
	光化学烟雾（高 NO_x）
	光化学烟雾（低 NO_x）
	平流层臭氧消耗（稳态）
	陆地生态毒性（100 年）
	陆地生态毒性（无限时间跨度）

3）美国 TRACI 法

美国 TRACI 法，见表 9.3。

表 9.3　美国 TRACI 法

方　　法	影响类型
TRACI	臭氧层损耗
	全球气候变暖
	酸化效应
	富营养化
	光化学烟雾
	生态毒性
	人体健康的空气污染指标
	人体健康的致癌性
	人体健康的非致癌性
	化石燃料燃烧

4）加拿大 LUCAS 法

加拿大 LUCAS 法，见表 9.4。

表 9.4　加拿大 LUCAS 法

方　　法	影响类型
LUCAS	气候变化
	臭氧层空洞

（续表）

方 法	影响类型
LUCAS	酸化效应
	光化学烟雾
	水体富营养化
	土壤富营养化
	生态毒性（水体和陆地）
	毒性
	土地占用
	不可更新资源消耗

9.1.3 终结点法

目前，主要的生命周期评价的终结点方法有瑞典 EPS 法、荷兰环境指数 Eco-indicator 法等。

1）瑞典 EPS 法

瑞典 EPS 法，见表 9.5。

表 9.5 瑞典 EPS 法

方 法	保护目标	影响类型
EPS2000	人体健康	预期寿命
		严重的发病率
		发病率
		严重干扰
		干扰
	生态系统生产能力	作物生长能力
		木材生长能力
		鱼类和肉类生产能力
		土壤酸化
		灌溉用水生产能力
		饮用水生产能力
	非生物矿藏资源	元素、矿物、化石燃料耗竭
	生物多样性	物种灭绝
	文化与审美价值	—

2）荷兰环境指数法 Eco-indicator

荷兰环境指数法 Eco-indicator，见表 9.6。

表 9.6　荷兰环境指数法 Eco-indicator

方　　法	损害类型	影响类型
Eco-indicator	生态系统	酸化
		水体富营养化
		生态毒性
		气候变化
		土地占用
	资源消耗	化石燃料和矿物开采
	人体健康	致癌物质
		电离辐射
		臭氧层空洞
		呼吸系统的影响

3）瑞士 IMPACT2002+

瑞士 IMPACT2002+，见表 9.7。

表 9.7　瑞士 IMPACT2002+

方　　法	损害类型	影响类型
IMPACT2002+	人体健康	人类毒性
		呼吸影响
		电离辐射
	生态系统质量	臭氧层空洞
		光化学烟雾
		水生生态毒性
		陆地生态毒性
		水体酸化
		水体富营养化
		土壤酸化
		土地占用
	气候变化	全球气候变暖
	资源	不可再生资源
		矿物开采

4）荷兰 ReCiPe2008

荷兰 ReCiPe2008，见表 9.8。

表 9.8　荷兰 ReCiPe2008 法

方　法	损害类型	影响类型
ReCiPe2008	人体健康	臭氧层损耗
		人体毒性
		放射性
		光化学烟雾形成
		颗粒物形成
		气候变化
	生态系统生物多样性	气候变化
		土壤毒性
		土壤酸化
		农业用地占用
		城市用地占用
		自然土地转变使用用途
		海洋生态毒性
		海洋富营养化
		河流湖泊富营养化
		河流湖泊生态毒性
	资源消耗	化石燃料消耗
		矿物资源消耗

中间点法和终结点法各有优势。但是，由于中间点法可以通过相关较健全的环境模型来计算参数，参数的不确定性较低；而终结点法参数的计算较为复杂，不可能包含所有相关的环境机制，不确定性较中间类型方法较高。

9.2　影响类型总结

环境影响类型代表研究所关注的环境问题的类别是 LCIA 中重要的一步，其分类在国际上尚未达成共识。下文对大多数环境影响类型做简单介绍。

1）资源能源耗竭

资源消耗是产品系统向自然系统的索取，其消耗愈多，对自然系统的压力就愈大。不可再生资源主要为矿石、黏土资源、原油、原煤、天然气等化石燃料。

2）全球变暖

全球趋暖势（GWP）是对大气中某种气体相对于一种参考气体（通常假定为 CO_2）而言，捕获地球表面辐射热的能力的一种度量。各种气体在大气中的寿命相差悬殊，因此结果要对不同时间间隔进行积分，通常选取的时间段为 100 年。据联合国组织的政府间气候变化专业委员会（IPCC）的科学报告，造成全球变暖的直接因子是温室气体的增加。大约有 30 种温室气体如 CO_2，CH_4，N_2O，CFC 等的排放对全球变暖有贡献，其中 CO_2 的贡献约为 59%，CH_4 和 CFC 的贡献分别为 16% 和 12%。为了能对全球气候变暖做一个汇总的影响，采用 CO_2 当量表征各种温室气体对全球气候变暖的影响大小。

3）臭氧层损耗

臭氧层是大气平流层中臭氧浓度最大处，对具有很强杀伤力的紫外线具有较好的吸收能力，从而保护了地球上各种生命的存在、发展和繁衍。目前，臭氧层损耗问题已成为全球问题，臭氧层损耗将危害人体健康，破坏地球生态系统，引起一系列环境问题。

导致臭氧层损耗的物质主要是平流层内超音速飞机排放的大量 NO，以及人类大量生产使用的氯氟烃化合物（氟利昂），如 $CFCL_3$（氟利昂 -11）、CF_2CL_2（氟利昂 -12）等。氟氯碳（CFC）的存在是臭氧层遭到破坏的主要原因。通常采用 CFC-11 当量表征臭氧层损耗的大小。

4）光化学烟雾

含有氮氧化物和碳氢化合物等一次污染物的大气，在阳光照射下发生光化学反应而产生二次污染物，这种由一次污染物和二次污染物的混合物所形成的烟雾污染现象，称为光化学烟雾。夏季光化学烟雾的形成条件是大气中有氮氧化物和碳氢化物存在，大气温度较低且有较强阳光照射。冬季光化学烟雾主要是由于燃煤而排放出来的 SO_2、颗粒物以及由 SO_2 氧化所生成的硫酸盐颗粒物所造成的大气污染现象。光化学烟雾一般采用乙烯 C_2H_4 当量作为基准。

5）酸化效应

酸性物质进入环境（土壤、水体），使自然环境酸度升高的作用和过程即为酸化。致酸化物质有 SO_2，SO_3，N_2O，HNO_3，H_2SO_4，氟化氢，NH_3 及其他有机酸，主要来源于化石燃料的燃烧。酸化效应应采用 SO_2 作为基准物质。

6）富营养化

富营养化指由于氮、磷等营养物质的含量过多，使水生生物，特别是藻类大量繁殖，水中溶解氧含量急剧变化，造成水体污染，以至影响鱼类的生存。由于人类活动将大量的工业废水和生活污水以及农田径流中的营养物质排入水体，大大加速了水体的富营养化过程。一般认为，水体中总磷、总氮分别超过 20 mg/m³ 和 300 mg/m³ 就视为富营养化状态。通常采用 NO$_3^-$ 描述富营养化程度。

7）放射性污染

人类活动排放出的放射性物质，使环境中的放射性水平高于天然本底或超过国家规定的标准所造成的污染叫做放射性污染。放射性污染的来源主要有：原子能工业排放的反射性废物，核武器试验的沉降物以及医疗、科研排出的含有放射性物质的废水、废气、废渣等。放射性对人体和生物的危害是十分严重的。

8）固体废弃物

固体废弃物是人类在生产和生活中丢弃的固体和泥状物，如农业生产中的秸秆、人畜粪便等。目前，世界上生活垃圾处理主要是卫生填埋、堆肥和焚烧三种方式。

9）致癌物质

排入空气中和排入水体中的致癌物质，均会对人类健康造成影响。排入空气中的致癌物质为：苯、1，1，2- 三氯乙烷、三氯乙烯、五氯苯酚、六氯苯、全氯乙烯、PAH-total，As，Cd，Cr，Ni；排入水中的致癌物质：As，Cd，Cr，Pb。

10）呼吸系统的影响

对呼吸系统产生影响的物质主要考虑 SO$_2$，NO$_x$，NH$_3$，CO，PM$_{10}$，NMVOC，苯，四氯乙烯。

11）生态毒性

空气中的生态毒性物质排放主要考虑：Benzene、六氯苯、PAH-total，As，Cd，Cr、Pb、Ni；水中：As、Cd、Cr、Pb；土壤中：2，4-D、Atrazin、Bentazon、Dichlorvos、Lindane。

毒性物质对生态系统质量的破坏主要来自于空气中的毒性物质，而空气中毒性物质中重金属为决定性物质。重金属主要来自化石燃料的燃烧、冶金、木材、玻璃、造纸、化工业生产等。土壤中的毒性物质主要来自农药。

12）土地使用

主要考虑因素为：总面积、耕地、森林、草地、城市面积及其他。

13）人体毒性

在人类生产、生活中产生的污染物例如 SO$_2$，NO$_x$，CO 等会引起人体毒性。在生命周期影响评价中采用人体毒性潜值（HTP）表示环境影响因子导致人体毒性的能力。

14）固体废弃物

固体废弃物（SWP）是指人类在生产、消费、生活和其他活动中产生的固态、半固态废弃物质。主要包括固体颗粒、垃圾、炉渣、污泥、废弃的制品、破损器皿、残次品、动物尸体、变质食品、人畜粪便等。

15）烟粉尘

烟粉尘（DP）主要来源于能源生产、运输及使用过程（燃煤）以及废弃物燃烧过程和其他工业工艺过程，通常把空气动力学当量直径在 10 µm 以下的颗粒物称为 PM_{10}，又称为可吸入颗粒物或飘尘。可吸入颗粒物被人吸入后，会累积在呼吸系统中，引发许多疾病，同时可吸入颗粒物还具有较强的吸附能力，是多种污染物的"载体"和"催化剂"，有时能成为多种污染物的集合体。

9.2.1　影响评价步骤——分类

将清单条目与环境损害种类相联系并分组排列。一般生命周期评价中环境损害类型分三类：资源消耗、人体健康和生态环境影响。

若环境负荷项目在各个环境影响类别中的作用以比较复杂的作用方式存在，则有：并联机制、串联机制、复合机制情况下的分配方式。

1）并联机制

LCI 结果涉及的两种或两种以上影响类型效应大小是相互依赖的，结果应该按贡献代表性比例，分配给两种影响类型。

2）串联机制

一种物质可能会一个接一个地参与两种或两种以上的影响，应该考虑是否有必要包括其他的影响类型，然后把结果分别划归给在考虑范围内的影响类型，不进行分配。

3）复合机制

一种环境污染物的排放会导致另一种环境污染物的生成，从而参与其他环境影响类型。

若没有特殊要求，则可以简化处理。

9.2.2　影响评价步骤——特征化

特征化是对比分析和量化这种环境影响程度的过程，是基于自然科学的、定量的过程。通常采用计算"当量"的方法，将当量值与实际清单数据的量相乘，比较清单条目对环境影响的严重程度。

实际工作中首先建立特征数学模型，然后将生命周期清单分析提供的数据和其他辅助数据转译成描述影响的叙词。

特征数学模型主要有负荷评估模型、当量评价模型、毒性和持续性及生物累积性评估模型、总体暴露效应模型、点源暴露效应模型。考虑适用性、准确性和实际性问题，现简介五种评价模型。

1）负荷评估模型

清单分析结果可以是简单罗列出来，也可根据他们潜在的影响加以分类，然后根据他们物理量大小来评价生命周期清单分析提供的数据。特征化的方式取决于各影响因子所造成的环境影响重要性的差异，以及各影响因子的环境影响相对大小等。这种方式不考虑各影响因子间的替代效应，也无法完全反映各影响因子的浓度和排放量。

2）当量评价模型

常见的当量评价模型有：当量系数法、临界体积稀释法和生态稀缺值法。该模型的优势在于，它建立在科学研究的基础上，同一种胁迫因子，无论其暴露途径、暴露地点等条件如何不同，它所能产生的潜在环境影响都认为是一样的。故其结果不受时间和地理因素的影响。

（1）当量系数法

当量系数法原理为：在质量相同的条件下，利用不同环境胁迫因子对同一种环境影响类型的贡献量差异，以其中某一种胁迫因子为基准，把其影响潜力看做 1，然后将等量的其他污染物与其做比较，得到各类胁迫因子相对于基准物的影响潜力大小，即当量系数，最后可根据各胁迫因子间的当量关系，汇总得到以基准物质为单位的单位影响潜力大小。

例如，计算某一产品生命周期内的全球气候变暖潜能：

$$\text{大气排放物（kg）} = \sum GWP_i \times \text{对大气的排放量（kg）} \tag{9.1}$$

（2）临界体积稀释法

将清单分析中的各因子，稀释到符合相关法规标准（或阈值）时，所需排放介质体积，并将同一介质的体积加总起来，得到每单位输出所需的临界体积值。

$$\text{临界体积} = \frac{\text{污染物排放量（g）}}{\text{法规标准（或排放阈值）（g/Vol）}} \tag{9.2}$$

该种方法优点在于，对指定区域排放标准的污染物数值计算简单明了，但无法考虑非化学性的环境影响因子；且法定值的制订基于政治和经济考虑，缺乏科学依据。

（3）生态稀缺值法

$$\text{Eco-Points} = 1/F_c \times F/F_c \times C \tag{9.3}$$

式中，F_c 表示临界流量，指不会引起生态系统负面效应的最大流量；F 表示现有环境负荷流量；F/F_c 表示生态稀缺值，若环境负荷流量大于临界流量，表示生态系统或资源被过度利用；C 表示无因次指数，避免有过大的负指数值出现。

该种方法优点为对于污染排放、资源损耗，以及一些非化学性影响因子，都可使用单一的指标值来表示，但生态指数值不易确定，须随着最新科学进展而修正。

（4）毒性、持续性及生物累积性评估模型

以释放物的化学特性（如毒性、可燃性、致癌性和生物富集等）为基础，来汇总生命周期清单分析数据。前提是这些标准能将生命周期清单分析数据归一化，以计算其潜在的环境影响。

此方法对没有建立毒性资料的排放物不适用，目前该方法主要适用于人体健康影响评估。

（5）总体暴露效应模型

在总体暴露效应模型中，排放物的总和是针对某些特殊物质的排放所导致的暴露和效应作一般性地分析，估计潜在的环境影响，有时候会加入对背景浓度的考察。将清单项目中各影响因子，根据其可能有的环境影响来赋予一单位排放量的影响指数。以 100 年为例，1 kg N_2O 气体排放量的全球变暖潜力相当于 270 kg CO_2 的排放。

该模型的优点：对每类环境影响皆可得到总体性的效应值，较为简单明了。该模型的缺点：并非所有类别的环境影响都可得到一般性的暴露效应值。相应指标值在准确性方面存在困难，需要不断加以修正。

（6）点源暴露效应模型

以点源相关区域或场所的影响信息为基础，针对某些特殊物质的排放所导致的暴露和效应作特定位置的分析，来确定产品系统实际的影响。在此模型中，排放物影响的加和必须考虑到特定位置的背景浓度。

在以上六种模型中，负荷评估模型事实上只是汇总了清单的数据，不去做进一步分析；点源暴露效应模型，在不同流程的 LCA 分析中并不实际；而故当量评价模型，毒性、持续性和生物累积性评估模型，以及总体暴露模型较为可行。

9.2.3　影响评价步骤（可选）——标准化

参数结果标准化的目的在于更好地认识所研究的产品系统中每个参数结果的相对大小。在标准化中，通过一个选定的基准值作除数对参数结果进行转化。例如，特定范围内的排放总量或资源消耗总量；特定地域范围内以单位人口或类似度量为基准的总排放量或资源消耗量。

9.2.4　影响评价步骤（可选）——加权

加权是使用基于价值选择所得到的数值因子对不同影响类型的参数结果进行转换的过程，其目的是试图比较和量化不同种类的损害。为实现量化，常对清单分析和表征结果数据采用加权或分级的方法进行处理。其包含以下两个可能的步骤：①用选定的加权因子对参数结果或归一化的结果进行转换；②可能对各个影响类型中转换后的参数结果或归一化的结果进行合并。

由于不同个人、组织和人群具有不同的倾向性，他们对于同样的参数结果或归一化的参数结果可能得到不同的加权结果。在一项生命周期评价研究中可能要使用不同的加权因子和加权方法，并进行敏感性分析来评价不同的价值选择和加权方法对生命周期评价结果的影响。

9.2.5 影响评价步骤（可选）——数据质量分析

数据质量分析可采取以下做法：①重要度分析。这是一种用来识别对参数结果具有重要影响的数据统计程序。②不确定性分析。用其说明数据集的统计变化性，目的是用来确定来自同一影响类型的参数结果之间是否存在重大差异。③敏感性分析。用其分析评价变化对类型结果的影响程度。

9.3 村镇建设能源利用系统

9.3.1 村镇建设能源利用系统调研结果

1）村镇能耗需求

村镇能耗主要满足村镇居民生活需求，如炊事、生活热水、生活用电、冬季采暖、夏季制冷。

村镇的生活需求能耗可以分为两部分。其一，与气候条件相关的能耗，如空调能耗、采暖能耗，这部分能耗与气候参数成线性关系，可用采暖度日数和空调度日数作为反映气象特征的主要参数。其二，与气候条件无关的能耗，终年几乎不变（如用于照明、炊事等系统的能量）。但是有些能耗并不是只与气候条件相关，如生活热水能耗，洗澡次数与天气变化有直接关系，但也与村民生活习惯、经济水平等因素相关，因此要做多因素影响分析来判定相互关系的紧密程度。

2）村镇现有能源利用系统调研结果

本次实地调研跨 3 省（辽宁省、河北省、山东省）1 市（上海市）的 1 市（本溪市）3 县（辛集县、武城县、郯城县）3 镇（陈家镇、金泽镇、泖港镇）等村镇，范围涉及我国热工分区的三个区（严寒地区、寒冷地区、夏热冬冷地区）及相关的 10 个典型性村镇。村镇能源消费的种类和供应模式如表 9.9 所列。

表 9.9 村镇能源消费概况

能源需求种类	供应模式	使用能源种类	主要消费地区
冬季供暖	煤炉	煤	严寒地区、寒冷地区
	热水锅炉	煤	
	炕	煤、秸秆	
夏季供冷	空调	电	夏热冬冷地区
	电风扇	电	
照明及电器	市政电网	平均发电结构	严寒地区、寒冷地区、夏热冬冷地区
	风力发电	风能	

能源需求种类	供应模式	使用能源种类	主要消费地区
炊事	煤炉	煤	严寒地区、寒冷地区、夏热冬冷地区
	燃气灶	液化气、沼气、秸秆气	
	地锅	秸秆	
生活热水	煤炉等	煤	严寒地区、寒冷地区、夏热冬冷地区
	太阳能热水器	太阳能	

根据调研结果显示，严寒地区及寒冷地区的其中四个村镇能源消费种类有煤、电、液化气、秸秆柴薪等，煤炭消费量占 80% 左右；另外一个村由于棉花秸秆资源丰富，秸秆直接燃烧为主要能源消费形式，占总量的 70%；夏热冬冷地区其中三个村镇能源消费种类有电、液化气、秸秆柴薪，电力消费为主要能源消费形式，占总量的 50%~70%；另外两个村煤和电的使用比例分别在 44% 和 27% 左右，具有明显的地域过渡性质。

9.3.2　村镇能源利用系统简述

1）煤炭燃烧

目前我国村镇炊事用家电产品普及较快，但是冬季供暖（尤其是严寒地区）仍大多使用炉具、小锅炉，而且以燃烧廉价劣质烟煤为主。不但造成能源浪费还严重污染当地环境。虽然农村户均采暖燃煤量不多，但是面广、用户多而分散，治理管理难度较大。

2）电

对于夏热冬冷地区村镇夏季供冷主要的能源消费种类为电。随着农村生活水平的提高，家用电器有了一定的推广应用，从调研结果来看，用于夏季制冷的风扇、空调等电器购买使用的普及率较高。

3）直燃秸秆

对于秸秆资源丰富地区的村镇常采用秸秆直接燃烧为主要能源消费形式。农民直接燃烧秸秆将其用在炊事和采暖上。但秸秆直接燃烧会产生较多危害。首先会造成严重的大气污染，危害人体健康。加大大气中 SO_2，NO_x，可吸入颗粒物等各项污染指数，引发严重雾霾天气。同时燃烧秸秆也会破坏土壤结构，造成农田质量下降。

4）液化气

随着送气"下乡工程"的推广，部分村镇居民使用罐装液化气进行炊事活动。但液化气的使用具有一定的危险性，同时也会产生温室气体。

5）秸秆气化

秸秆气化技术是近年来发展的一项较新的秸秆利用技术。秸秆经过气化后，生成可燃气体，用于村镇居民的炊事及采暖。秸秆气化用于村镇，减少了农民用能开支，提高了农民生活质量，也减少了环境污染。

6）沼气技术

沼气技术已经在我国较多村镇得到推广。利用人畜粪便发酵产生沼气，可供农户炊事、照明。随着沼气技术的日渐成熟，沼气热水器也开始进入了农村家庭。在农村建立户式沼气池，不仅可以为农民生活提供能源，而且可以改善农村生活环境。

7）可再生能源利用

调研结果显示，我国村镇常采用的可再生能源一般为太阳能，主要用于生活热水的制备。我国主要开发低温热利用的适用技术，如太阳能热水器等。这类技术应用于村镇，可以改善其生态环境，提高农民生活水平。

9.3.3　村镇可持续能源利用系统规划

利用清洁可再生能源的村镇能源转换技术包括沼气技术、沼气发电技术、秸秆气化技术、秸秆发电技术、太阳能集热技术、太阳能光伏发电技术、地源热泵技术（土壤源、水源）、小水电技术和风力发电技术等。

1）太阳能技术

常规的太阳能利用技术指光热利用和太阳能发电。在各种利用技术中，太阳能热水器技术最为成熟。现在我国已成为世界上热水器生产和消费最大的国家。太阳能热水器、燃气热水器和电热水器形成三足鼎立的局面。太阳能热水器由集热器、储热水箱、循环水泵、管道、支架、控制系统及相关附件组成。

2）生物质直接燃烧技术

虽然生物质能在农村易于获得，且经济成本低廉，但由于其直接燃烧设备效率低下，造成了生物质能的极大浪费，而且带来的大气污染严重程度日益突显，因此改进生物质能的利用效率，推广新型利用技术势在必行。

3）生物质气化技术

生物质气化是生物质热化学转换的一种技术，基本原理是在不完全燃烧条件下将生物质原料加热，使较高分子量的有机碳氢化合物链裂解，变成较低分子量的 CO，H_2，CH_4 等可燃性气体。

生物质气化技术，是生物质原料在缺氧状态下燃烧和还原反应的能量转换过程，它可以将固体生物质原料转换成为使用方便而且清洁的可燃气体。秸秆气化技术是近年来发展的一项较新的秸秆利用技术，这种技术使秸秆在作为燃料使用时的热效率大大提高。实施秸秆气化工程，可取代全部薪柴的消耗，用于农村居民的炊事及采暖，也可生产电力。秸秆气化集中供气是在农村的一个村或组建立一个秸秆气化站，并将秸秆气用储气柜储存，通过输气管网向农民集中提供生活用燃气，替代常用的薪柴、煤或液化石油气。

4）沼气技术

沼气是一种优质的燃料，热值较高，热效率比较稳定，使用方便，其技术经济性仅次于液化石油气。沼气燃烧后生成的 CO_2 和 H_2O，又可被植物吸收，通过光合作用再生成有机物，因而沼气又是一种可再生能源，同时它也是一种低污染的洁净能源。

9.4 村镇建设能源利用系统影响评价模型

9.4.1 村镇能源利用系统生命周期研究边界

分析村镇现主要使用的能源系统：化石能源系统、电力系统、生物质能利用系统。能源利用系统全生命周期过程主要分为能源上游阶段与使用阶段。能源本身为消耗即逝的产品，基本无法实现回收利用，故不考虑能源的处理回收阶段。

例如煤炭等化石能源系统边界如图 9.1 所示。

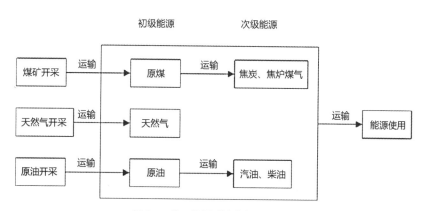

图 9.1 化石能源系统生产系统边界

电力系统边界如图 9.2 所示。

秸秆气化集中供气系统如图 9.3 所示。

9.4.2 村镇能源利用系统生命周期清单分析数据

本章主要考虑村镇能源利用系统全生命周期产生的能源消耗和向环境排放的污染物量。总的能耗包括化石燃料和可再生能源；温室气体主要考虑 CO_2、CH_4、N_2O；主要污染物排放考虑 CO、SO_X、NO_X、PM_{10} 等。

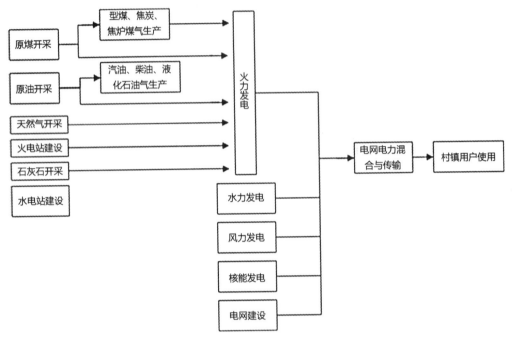

图 9.2　电力系统生产边界

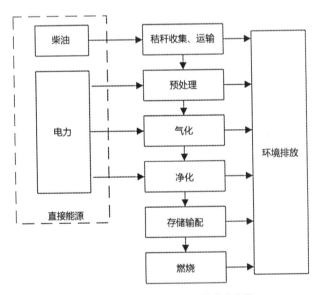

图 9.3　秸秆气化集中供气系统生产边界

9.4.3 环境影响类型选择

在进行影响评价之前，首先必须确定影响类型。影响类型的选择原则包括：①完整性：原则上应包括所有重要的影响类型；②独立性：各影响类型应相互独立以避免重复计算；③简明性：不必包含过多的影响类型。

影响类型的选择一方面应当保持简单明了，可操作性强；另一方面又要尽可能将重要的影响类型计入评价体系，不漏掉严重的影响类型，保证评价结果的客观性。

目前的研究一般将影响类型按影响地域范围分为全球性、区域性和局地性三类，按危害对象划分为资源消耗、生态健康和人类健康三类。由于中间点法的环境模型相对健全，所得参数的不确定性较低；终结点法计算复杂，所得参数不确定性较前者高。且中间点法关注于当前的环境问题，对各种环境干扰因素进行数据标准化分析，可直观地解释其对环境问题的贡献度。

根据村镇能源利用系统全生命周期阶段的能源输入与环境排放，现主要考虑三方面环境影响类型：资源消耗、生态健康和人类健康。

1）资源消耗

（1）化石燃料资源

资源消耗是产品系统对自然的索取，消耗越多，生态系统的压力越大。资源可以分为可再生资源和不可再生资源。可再生资源包括水和各种生物资源（如木料等），不可再生资源主要为化石燃料资源。

化石燃料是指煤炭、石油、天然气等这些埋藏在地下不能再生的燃料资源。化石燃料中按埋藏的能量值大小的顺序有煤炭类、石油、油页岩、天然气和油砂。煤炭是埋藏在地下的植物受地下和地热的作用，经过几千万年乃至几亿年的炭化过程，释放出水分、CO_2、CH_4 等气体后含氧量减少而形成的，其含炭量非常丰富。由于地质条件和进化程度不同，含炭量不同，从而发热量也就不同。按发热量大小顺序分为无烟煤、烟煤和褐煤等。煤炭在地球上分布较为广泛。石油是水中堆积的微生物残骸，在高压的作用下形成的碳氢化合物。石油经过精制后可得到汽油、煤油、柴油和重油。油页岩是水藻炭化后形成的，含灰分过多，大半不能自烯。油砂是含重质油 4%~20% 的砂子。油页岩和油砂在美洲大陆偏多。天然气直接采掘于地下，含甲烷为主。在 −163 ℃被冷却、液化后，作为液化天然气用油罐输送。

（2）影响类型选择

村镇能源利用系统包括：煤炭等化石能源系统、电力系统、生物质能以及部分可再生能源。这些能源的使用都会造成能源消耗（Fossil Energy，FE，kJ/m^2）。这里的能耗用来衡量能源资源的耗竭，因此采用"化石燃料消耗"作为评价指标。

2）生态健康和人类健康

村镇能源利用系统主要分为：煤炭、天然气在内的化石能源利用系统、燃烧秸秆等在内的生物质能源利用系统、以及太阳能等的可再生能源利用系统。

化石能源燃烧是温室气体排放的主要来源。化石能源燃烧过程会产生大量的 CO_2、氮氧化物、硫氧化物、各种悬浮颗粒物、CO、NMHC 等，是大气污染的主要源头。

生物质燃烧过程中同样也会产生碳氧化物、硫氧化物、氮氧化物以及 NMHC 等。碳氧化物主要为 CO_2、CO，CO_2 是最主要的温室气体，温室气体的排放会使得全球气候变暖，主要危害有海平面上升、自然灾害频发、水资源短缺、生物数量变化、农作物产量发生改变等，而 CO 会对人体造成伤害；生成的硫氧化物主要为 SO_2，硫氧化物会对人的上呼吸道造成伤害，也会产生酸雨对环境造成危害；生成的氮氧化物主要为 NO_X 和 N_2O，NO_X 在生成有害颗粒物、地平面臭氧（烟雾）和酸雨的大气反应中起到了重要作用，N_2O 是温室气体，对平流层臭氧起到潜在分解作用。

综上所述，为满足日常生产生活需要，村镇居民在使用煤炭、液化气、生物质等能源的过程会产生大量的温室气体 CO_2、CH_4、N_2O 等。故在考虑村镇能源系统对生态环境的迫害时主要考虑全球变暖这种影响类型。而在综合考虑村镇能源系统对生态环境和人类健康的迫害时，各种污染因子（NO_X、SO_X、PM、CO、NMHC 等）对环境的影响不划分为不同的影响类型，而将其统一为主要污染物影响这一个指标。

3）选取的影响类型

选取的影响类型为：化石燃料消耗、全球变暖、主要污染物影响。

9.4.4 分类

影响类型及其对应的环境胁迫因子如表 9.10 所列。

表 9.10 影响类型及其胁迫因子

损害类型	影响类型	干扰因子
资源消耗	化石燃料消耗，FE，kJ/m^2	不同种类的化石燃料消耗
生态健康	全球气候变暖 GGE $kgCO_2\ eq/m^2$	CO_2、CH_4、N_2O 等
人体健康	主要污染物影响 CPI Nm^3/m^2	CO、SO_X、NO_X、PM_{10}、NMHC 等

9.4.5 特征化模型

1）化石燃料消耗

采用当量系数法，利用标煤当量作为特征化因子，将不同种类的化石燃料消耗转换为标煤当量。不同种类化石燃料标煤当量因子如表 9.11 所列。

表 9.11　各种燃料标煤当量因子

化石燃料	单位	标准发热量	标煤当量因子
标准煤	kg	29.308	1
原煤	kg	20.394	0.714
动力煤	kg	18.084	0.643
无烟煤	kg	28.168	0.893
劣质煤	kg	15.654	0.5
原　油	kg	41.869	1.429
汽　油	kg	43.125	1.471
柴　油	kg	46.055	1.571
煤　油	kg	43.125	1.471
重　油	kg	41.869	1.429
液化石油气	kg	55.266	1.888
天然气	m^3	38.98	1.33
油田气	m^3	41.868	3.429
焦炉气	m^3	18.003	0.614
焦　炭	kg	33.494	1.143

将各种化石燃料的消耗量转换为对应的标准煤的消耗量。

$$化石燃料的消耗 = \sum FE_i \times e_i \tag{9.4}$$

式中，FE_i 表示第 i 种化石燃料消耗量；e_i 表示第 i 种化石燃料相对于标准煤的当量因子。

2）全球变暖

这里考虑温室气体主要有 CO_2、CH_4、N_2O 等。特征化采用当量系数法，利用 CO_2 当量为单位 1，将其他种类的温室气体转换为相等温室效应的 CO_2 量（kg）。气候变化专业委员会（IPCC）中其他污染物的全球气候变暖的当量因子如表 9.12 所列。

表 9.12　温室气体当量因子

物　质	全球变暖潜值 100 年（CO_2kg eq）
CO_2	1
CH_4	25

（续表）

物　质	全球变暖潜值 100 年（CO_2kg eq）
CO	1.5714
NO_2	296
$CHCl_3$	30
N_2O	310

$$温室效应 = \sum GGE_i \times f_i \qquad (9.5)$$

式中，GGE_i 表示第 i 种温室气体排放量；f_i 表示第 i 种温室气体相对于 CO_2 的当量因子。

3）主要污染物影响

本章不将污染因子（CO，SO_X，NO_X，PM_{10}，NMHC）对环境的影响划分为酸化、光化学污染等不同的影响类型，而是统一为主要污染物影响一个指标。特征化利用临界体积稀释法，将清单分析中的各因子，稀释到符合相关法规标准（或阈值）时，所需的排放介质体积，并将同一介质的体积加总起来。我国大气环境质量标准（GB 3095—2012）规定了两类不同地区主要大气污染物不允许超过的浓度限制，如表 9.13 所列。

表 9.13　污染物排放浓度限制

污染物种类	浓度限值		单位
	一级	二级	
SO_2	20	60	$\mu g/m^3$
NO_2	40	40	
CO	4	4	mg/m^3
O_3	100	160	$\mu g/m^3$
PM_{10}	40	70	
$PM_{2.5}$	15	35	
TSP	80	200	
NO_x	100	100	

环境空气功能区分为两类：一类区为自然保护区、风景名胜区和其他需要特殊保护的区域；二类区为居住区、商业交通居民混合区、文化区、工业区和农村地区。本章所述范围为二类地区，

执行二级标准。

现利用各类污染物排放量除以该污染物标准规定的浓度，得到的体积就是该污染因子稀释到标准允许浓度的稀释空气体积，把所有污染因子的稀释空气体积相加的结果可以用来衡量主要污染物影响。

$$主要污染物影响\ CPI= \sum \frac{TEM_i}{C_i} \tag{9.6}$$

式中，TEM_i 表示第 i 种污染物排放量；C_i 表示第 i 种污染物的大气排放标准浓度。

9.4.6　标准化

标准化即正规化，也就是消除数据在量纲和数量级上的差别，使得可以更好地认识所研究的系统中每个参数结果的相对大小。

9.4.7　加权

对不同的环境影响类型赋予权重，可以得到它们对环境的综合影响。为增加评价的透明度，利用权重三角形证明出 FE、CPI、GGE 的权重分别为 0.4，0.4，0.2 时选择较为合理。则综合指标值如下式。

$$综合评价指标值 =0.4×FE+0.4×CPI+0.2×GGE \tag{9.7}$$

9.5　村镇建设能源利用系统环境影响指标体系

村镇能源利用系统环境影响指标框架如图 9.4 所示。

村镇能源利用系统评价指标体系包括三个指标层：

● 第一层，即总体层，为村镇能源利用系统综合评价。

● 第二层，即主层次，分为三个影响类型，分别是化石燃料消耗、温室效应、主要污染物影响。三种影响类型分别对应考虑了村镇能源利用系统对资源消耗、生态健康和人体健康的影响。

● 第三层，为具体指标，分别为原煤消耗量、原油消耗量、天然气消耗量、CO_2 排放量、CH_4 排放量、N_2O 排放量、CO 排放量、SO_x 排放量、NO_x 排放量、PM_{10} 排放量、NMHC 排放量。各影响类型特征化方法：

1）化石燃料消耗

$$FE=\sum FE_i×e_i \tag{9.8}$$

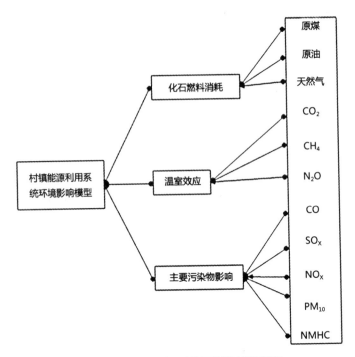

图9.4 村镇能源利用系统环境影响指标框架

式中，FE 表示化石燃料消耗指标值；FE_i 表示第 i 种化石燃料消耗量；e_i 表示第 i 种化石燃料相对于标准煤的当量因子。

2）全球变暖

$$GGE = \sum GGE_i \times f_i \tag{9.9}$$

式中，GGE 表示温室效应指标值；GGE_i 表示第 i 种温室气体排放量；f_i 表示第 i 种温室气体相对于 CO_2 的当量因子。

3）主要污染物影响

$$CPI = \sum \frac{TEM_i}{C_i} \tag{9.10}$$

式中，CPI 表示主要污染物影响指标值；TEM_i 表示第 i 种污染物排放量；C_i 表示第 i 种污染物的大气排放标准浓度。

$$综合评价指标值 = 0.4 \times FE + 0.4 \times CPI + 0.2 \times GGE \tag{9.11}$$

　　本章首先阐述了生命周期影响评价方法，罗列出两种典型影响评价方法（中间点法和终结点法）的影响类型、特征化模型及相关步骤。再通过整理村镇能源系统的调研结果，分析村镇常见的能源利用系统。最后根据村镇能源利用系统选取适用的影响类型，特征化模型及合理的权重赋值。严谨地按照分类、特征化、权重选取的步骤构建出评价模型。从资源消耗、生态健康、人体健康的角度设计了村镇能源利用系统的评价指标体系。

第 10 章　村镇废弃物资源化环境影响模型

村镇废弃物资源化技术不仅可以解决村镇废弃物污染的问题，同时也减少了能源消耗。对于绿色生态村镇建设和可持续性发展具有重要的意义和作用。本章在分析归纳村镇废弃物资源化处理技术的基础上，借鉴生命周期评价（Life Cycle Assessment，LCA）中的影响评价方法（Life Cycle Impact Assessment，LCIA）建立村镇废弃物资源化技术环境影响评价模型，并以此筛选相关的指标因子，最后综合整理出评价体系，为改善村镇生态环境与选择政策提供决策参考。村镇废弃物资源化可以推进我国绿色生态村镇的建设，对促进村镇节能减排有重要的实践指导意义。

10.1　村镇废弃物定义

村镇废弃物是指村镇居民日常生产生活所产生的垃圾。按照生产生活领域可将其分为种植业废弃物、养殖业废弃物、农业加工业废弃物、农村生活废弃物等。按村镇废弃物构成成分，可将其分为植物性废弃物和动物性废弃物。植物性废弃物主要为农作物秸秆，动物性废弃物主要为禽畜粪便。村镇废弃物具有种类多、数量大、污染环境、可储存再生利用等特点。常见的村镇废弃物有：农作物秸秆、蔬菜废弃物、畜禽粪便、村镇生活垃圾、肉类加工厂和农作物加工厂废弃物、其他有机废弃物等，其中大部分属于生物质能。因此对村镇废弃物的利用主要在于生物质能的利用。

10.2　村镇废弃物资源化环境影响

近年来，我国农村经济取得了一定发展，村镇农业、畜牧业生产力提高，村镇经济水平发展迅速，居民收入逐步增加。但是，村镇经济发展的主要模式依旧是传统粗放型，农业生产、畜禽养殖以及居民日常生活产生的废弃物排放量大，再加上较低的废弃物治理水平和回收利用率，村镇废弃物造成的环境污染问题越来越严重。目前我国村镇废弃物呈现多量化、多样化、循环化低、利用率低的特点，废弃物堆积现象严重，不仅造成资源浪费，也威胁村镇居民健康，有悖于农业可持续发展。因此废弃物资源化处理技术对我国村镇发展至关重要。村镇废弃物主要有农作物秸秆、蔬菜废弃物、畜禽粪便、村镇生活垃圾、肉类加工厂和农作物加工厂废弃物、其他有机废弃物等，其中大部分属于生物质能。生物质能作为一种可再生、可替代化石能源的清洁能源，其有害物质的含量很低。这些废弃物资源的充分利用不仅可以解决村镇废弃物污染问题，也减少了村镇的能源消耗，可谓一举两得。

村镇废弃物资源化技术的种类有很多，例如秸秆气化技术、秸秆直燃发电技术、禽畜粪便沼气发酵技术等。国内许多学者对这些技术进行了相关的经济性及可行性研究，但鉴于我国村镇越来越不容忽视的环境问题，对废弃物资源化技术的节能减排效益的研究显得尤为重要。因此，建立评价村镇废弃物资源化技术环境效益的评估模型是非常有必要的。传统的环境效益评价只关注能源的消耗情况或者是某种特定的有害气体的排放。如果从生命周期的角度来看，科学地评价村镇废弃物资源化技术需要综合考虑该项技术本身以及其上下游的能耗与环境排放，并根据清单结果全面考虑不同类别的环境影响。因此，借鉴生命周期影响评价的方法来构建村镇废弃物资源化技术环境评价模型是较为科学合理的。

10.3　村镇废弃物资源化技术

我国目前村镇废弃物利用水平较低，存在着很多问题。首先，我国农作物秸秆和畜禽粪便量巨大，农业生产以户为单位，内容和量由居民自行决定，产生的废弃物较为分散，不利于统计。造成的污染只能按照农作物和养殖业的规模来估计。其次，村镇废弃物的利用率极低，且闲置的状况较为严重。再次，整体的废弃物资源化利用技术和产业化水平滞后。最后，对于村镇废弃物资源化缺乏相关的政策法规和服务体系。

村镇废弃物主要来源于种植业和养殖业，对于植物性废弃物的资源化利用，主要处理技术有加工饲料、废物还田、制复合材料、固化、气化、炭化、制造化学品等；对于动物类废弃物的资源化利用，主要处理技术有饲料化技术、肥料化技术、燃料化技术等。

村镇废弃物资源化发展方向总共有 6 个方面，分别是：①以节能环保生态发展为方向的生态化处理技术；②以发酵制沼气为方向的能源化处理技术；③以制作农作物肥料为方向的肥料化处理技术；④以制作畜禽饲料为方向的饲料化处理技术；⑤以利用废弃物中纤维性材料制作建筑材料为方向的材料化处理技术；⑥以制作基质原料为方向的基质化处理技术。

10.4　构建村镇废弃物资源化环境评价模型

10.4.1　对象与目的

村镇废弃物主要为以农作物秸秆为代表的植物性废弃物和以动物粪便为代表的动物性废弃物。本章现选取利用秸秆和动物粪便的几种典型的资源化技术为研究对象，在此基础上构建废弃物资源化技术的通用评价模型。选择的研究对象为：①能源化技术：生物质（秸秆）直接燃烧技术、生物质（秸秆）气化集中供气技术、生物质（秸秆）气化发电技术、沼气利用技术；②原料化技术：农作物秸秆人造板技术；③农业化技术：秸秆还田技术。

本章的目的是评估不同废弃物资源化技术的节能减排效益，为改善村镇生态环境提供决策参考。

10.4.2 生命周期边界划定

本章所选取的 6 种废弃物资源化技术的生命周期边界划定如图 10.1—图 10.6 所示。

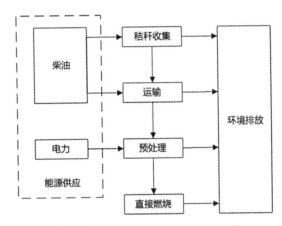

图 10.1 秸秆直接燃烧系统生命周期边界

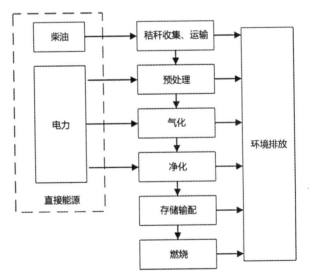

图 10.2 秸秆气化集中供气系统生命周期边界

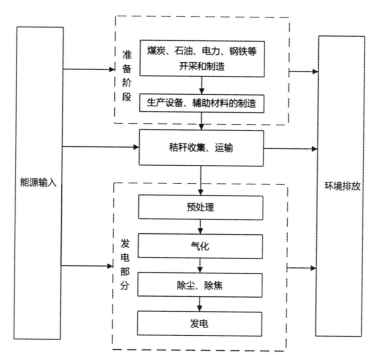

图 10.3　秸秆气化发电系统生命周期边界

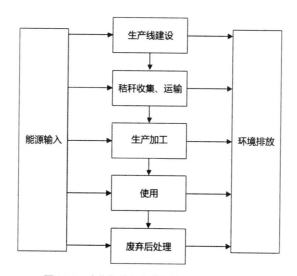

图 10.4　农作物秸秆人造板技术生命周期边界

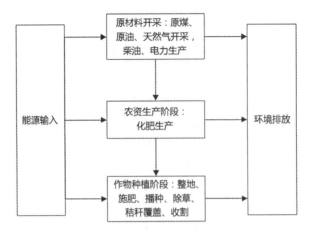

图 10.5　秸秆还田技术生命周期边界

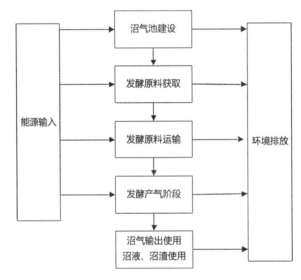

图 10.6　沼气利用技术的生命周期研究边界

10.4.3　清单分析

国内学者对村镇废弃物资源化的研究，主要考虑村镇废弃物资源化技术全生命周期产生的能源消耗和向环境排放的污染物两个方面，具体清单分析过程本书不再详述。综合考虑所选的典型废弃物资源化技术，本章的能源消耗主要考虑化石能源；污染排放主要考虑：CO_2，CH_4，N_2O，SO_2，NO_2，NO_x，CO，NH_3，HC，PM_{10}，TN，TP，VOC，焦油等。

10.4.4　环境影响类型

进行环境影响模型构建前，首先需确定环境影响类型。影响类型的选择原则为：

- 完整性：原则上应包括所有重要的影响类型。
- 独立性：各影响类型应相互独立以避免重复计算。
- 简明性：不必包含过多的影响类型。

影响类型的选择一方面应当保持简单明了，可操作性强；另一方面又要尽可能将重要的影响类型计入评价体系，不漏掉严重的影响类型，保证评价结果的客观性。

本章结合清单分析部分通过文献调研获取的造成环境负荷的影响因子，参考荷兰环境效应模型、生态指数模型等典型环境影响评价方法的影响类型，将村镇废弃物资源化所产生的环境影响分为以下几类：化石燃料耗竭、全球气候变暖、酸化、光化学臭氧合成、富营养化、烟粉尘以及人体毒性。

10.4.5　分类及特征化

特征化模型为：

$$EP(j)=\sum[EF(j)_i \times Q_i] \tag{10.1}$$

式中，$EP(j)$ 表示第 j 种环境影响潜值；$EF(j)_i$ 表示第 i 种排放物质对第 j 种环境影响类型的当量因子；Q_i 表示第 i 种物质排放量。

分类及各环境影响因子当量系数如表 10.1 与表 10.2 所列。

表 10.1　化石能源消耗影响因子及其当量系数

环境影响类型	消耗因子	单位	当量系数
化石燃料消耗	原油	kg	1.00
	石油气	m³	0.76
	褐煤	kg	0.22
	无烟煤	kg	0.42
	泥煤	kg	0.22
	天然气	m³	0.88

表 10.2　其他环境影响因子分类及其当量系数

环境影响类型	影响因子	单位	当量系数
全球气候变暖	CO_2	kg	1

环境影响类型	影响因子	单位	当量系数
全球气候变暖	CH_4	kg	25
	N_2O	kg	298
酸化	SO_2	kg	1
	NO_x	kg	0.56
	NH_3	kg	2.45
光化学烟雾	NO_x	kg	1
	VOC	kg	1
	HC	kg	0.037
	苯	kg	0.368
	甲苯	kg	2.333
人体毒性	SO_2	kg	0.31
	NO_2	kg	1.2
	苯	kg	0.753801
	甲苯	kg	15.78918
富营养化	NO_x	kg	0.039
	TN	kg	1.429
	TP	kg	1
	NH_3	kg	0.824
烟粉尘	PM_{10}	kg	1

10.4.6 标准化

本章采用 2000 年世界人均环境影响潜值作为基准值。则标准化后的环境影响潜值为：

$$NEP(j)=\frac{EP(j)}{EP(j)_{2000}} \tag{10.2}$$

式中，$NEP(j)$ 表示第 j 种环境影响潜值标准化后的值；$ER(j)_{2000}$ 表示第 j 种环境影响基准值，即 2000 年人均环境影响潜值，如表 10.3 所列。

表 10.3　环境影响潜值标准化基准值

环境影响类型	基准值	单位
全球气候变暖	9487.061	kg CO_2 eq/p/yr
酸　化	35.70132	kg SO_2 eq/p/yr
富营养化	0.289853	kg P eq/p/yr
人体毒性	211.8746	kg 1,4-DB eq/p/yr
烟粉尘	15.05832	kg PM_{10} eq/p/yr
光化学烟雾	56.73657	kg VOC/p/yr
化石燃料消耗	1289.601	kg oil eq/p/yr

10.4.7　权重赋值

本章采用层次分析法（AHP）进行权重分析，首先建立有序递阶的指标体系，在此基础上，通过比较同一层次各指标的相对重要性来计算指标的权重系数。对不同环境影响类型的生态重要性按照表 10.4 进行重要性标度，然后构造判断矩阵，求出矩阵的近似特征向量作为权重。求得的各环境影响指标的权重 WF(j) 如表 10.5 所列。

表 10.4　重要性标度表

i 因素比 j 因素	极重要	很重要	重要	略重要	同等	略次要	次要	很次要	极次要
aij	9	7	5	3	1	1/3	1/5	1/7	1/9
备注	取 8、6、4、2、1/2、1/4、1/6、1/8 为上述评价值的中间值								

表 10.5　各环境影响指标权重

环境影响类型	权重值
化石能源消耗	0.41
全球气候变暖	0.21
富营养化	0.14
人体毒性	0.08
光化学烟雾	0.08

（续表）

环境影响类型	权重值
烟粉尘	0.05
酸化	0.03

加权后的环境影响总指标值 EIP 计算方法为：

$$EIP=\sum WF(j)\times NEP(j)$$

10.5 村镇废弃物资源化环境影响指标体系

本章总结了对动植物两种村镇废弃物的典型资源化技术，并查阅文献资料，根据这些技术的环境排放污染物种类与排放量，在借鉴生命周期影响评价方法的基础上，构建出村镇废弃物资源化技术通用的环境评价模型。村镇废弃物资源化环境评价指标体系包括三个指标层：

- 第一层，即总体层，为村镇废弃物资源化技术环境综合评价。
- 第二层，即主循次，分为 7 种影响类型，分别是化石燃料耗竭、全球气候变暖、酸化、光化学臭氧合成、富营养化、烟粉尘以及人体毒性。7 种影响类型分别对应考虑了村镇能源利用系统对资源消耗、生态健康和人体健康的影响。
- 第三层，为具体指标，分别为各环境影响类型对应的影响因子。

1）各影响类型特征化方法

$$EP(j)=\sum [EF(j)_i\times Q_i] \tag{10.3}$$

式中，$EP(j)$ 表示第 j 种环境影响潜值；$EF(j)_i$ 表示第 i 种排放物质对第 j 种环境影响类型的当量因子；Q_i 表示第 i 种物质排放量。

2）标准化后的环境影响潜值计算方法

$$NEP(j)=\frac{EP(j)}{EP(j)_{2000}} \tag{10.4}$$

式中，$NEP(j)$ 表示第 j 种环境影响潜值标准化后的值；$EP(j)_{2000}$ 表示第 j 种环境影响基准值，即 2000 年人均环境影响潜值。

3）加权后的环境影响总指标值 *EIP* 计算方法

$$EIP=\sum WF(j)\times NEP(j)$$ (10.5)

式中，*EIP* 表示环境影响总指标值；*WF*(*j*) 表示第 *j* 种环境影响权重值。

　　本章首先根据秸秆气化发电、秸秆气化集中供气及动物粪便沼气化利用等典型废弃物资源化技术，归纳总结产生的有害物质，利用当量系数法对其进行分类及特征化。然后全面考虑了可能造成的环境影响类型：化石燃料耗竭、全球气候变暖、酸化、光化学烟雾、富营养化、烟粉尘，以及人体毒性。利用层次分析法进行权重赋值。最终建立了适用于评价分析村镇废弃物资源化技术的环境评价模型。

第 11 章　村镇废弃物资源化环境影响案例分析

通过之前对村镇废弃物资源化环境影响模型及相关指标因子的相关研究，现以实际村镇废弃物资源化技术为研究对象，通过对比案例，分析其对村镇环境的影响，同时验证模型的合理性。本章的村镇废弃物资源化环境评价模型是在分析归纳村镇废弃物资源化处理技术的基础上，借鉴生命周期评价中的影响评价方法（LCIA）建立的村镇废弃物资源化技术环境影响评价模型。本章中的实际案例研究可以验证环境评价模型一定的合理性，对该模型的推广应用也具有一定的实际价值。

11.1　对象及边界

实际案例分析研究对象为徐州市马庄村秸秆太阳能沼气集中供气工程。案例位于徐州市贾汪区马庄村，一期项目于 2012 年 3 月 16 日建成，4 月 20 日开始向 100 户农户供气。共建成 200 m² 的太阳能集热温室、300 m³ 拼装卧式太阳能沼气池、60 m³ 储气柜、200 m² 蘑菇房、160 m² 秸秆库及计量池、储肥池。二期项目于 2014 年 6 月建成，共建成 500 m³ 沼气罐，500 m³ 储气罐，用户 245 户。研究边界如图 11.1 所示。

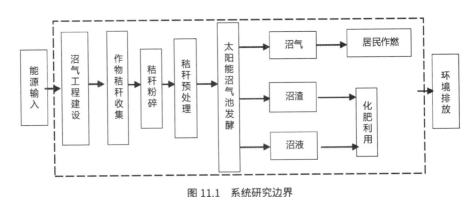

图 11.1　系统研究边界

11.2　清单数据

如图 11.2 所示，初期投资主要设备及土建工程包括发酵罐、储气罐、太阳能吸热保温房。

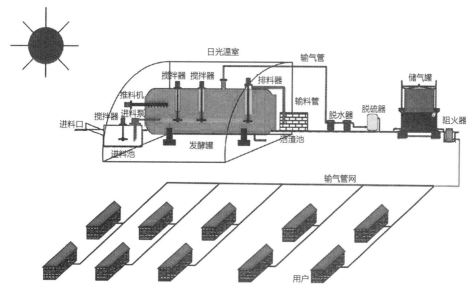

图 11.2　太阳能秸秆沼气集中供气系统主要设备

11.3　初期建设阶段清单数据

该示范工程初期建设阶段设备及主要土建工程物质清单如表 11.1 所列。

表 11.1　主要设备及土建工程清单

分类	项目	所含物质种类	数量	单位
主要设备	太阳能发酵罐	Q235 钢板	23.28	t
		63×6 角钢	2 517.24	kg
	储气柜	C20 钢筋混凝土	17.2	m³
		水泥砂浆	6120	kg
		6 mm 钢板	5	t
主要土建工程	太阳能吸热保温房	水泥	1.57	t
		石沙	21 625	kg
		砖	17 700	kg
		10# 钢筋	0.24	t
		钢管	0.6	t
		聚乙烯薄膜	40	kg
		铁丝	80	kg
		棉纤维	52	kg

注：聚乙烯薄膜 1 年 1 换。

11.4 年运行阶段数据

该示范工程年运行阶段各工艺阶段消耗物质数据如表 11.2 所列。

表 11.2　年消耗物质数据

分类	项目	数量	单位
秸秆运输	柴油	180	t · km
制沼过程	秸秆	120	t
	造肥粪便	60	t
	脱硫剂	0.8	t
	电	6 800	kW · h
	水	480	m³
	碳酸氢氨	1.2	t

表 11.3　输出排放物质清单

分类	项目	数量	单位
输出物质	沼气	31 100	m³
	沼液	590	t
	沼渣	70	t
	有机肥（沼液沼渣的折合）	58 053	kg

表 11.4　沼气组分

气体种类	组分含量
甲烷	60.2%
二氧化碳	39.7%

11.5 马庄村秸秆太阳能沼气集中供气工程生命周期评价

本章利用现在应用较为广泛的生命周期评价软件 SimaPro，选取 Cumulative Energy Demand (CED)、IPCC 2013 GWP 100a、Eco-Indicator99（生态指数法）等环境影响评价指标体

系对马庄项目的生命周期环境影响进行评价。

1）一次能源消耗量

利用 CED 计算出马庄秸秆太阳能沼气集中供气工程全生命周期一次能源消耗量，计算结果见表 11.5 及图 11.3 所示。

由表 11.5 和图 11.3 可以看出，对于马庄实际工程而言，全生命周期一次能源消耗量最重要的阶段在于运行阶段，即制沼过程的能源消耗量最大，占总体的 90% 左右。

表 11.5　各生命周期阶段能源消耗

影响类别	单位	共计	初投资阶段	运行阶段	秸秆运输阶段
共计	TJ	9.164 54	0.945 392 99	8.214 196 8	0.004 950 187
Renewable, biomass	TJ	6.192 373	0.104 028 57	6.088 336	0.000 007 94
Non renewable, fossil	TJ	2.188 777	0.744 617 83	1.439 261 5	0.004 897 883
Renewable, wind, solar, geothe	TJ	0.533 415	0.002 897 73	0.530 515 9	0.000 001 08
Non-renewable, nuclear	TJ	0.138 113	0.029 716 42	0.108 362 9	0.000 034 1
Renewable, water	TJ	0.111 577	0.063 918 23	0.047 649 7	0.000 009 13
Non-renewable, biomass	TJ	0.000 285	0.000 214 21	0.000 070 8	0.000 000 017 6

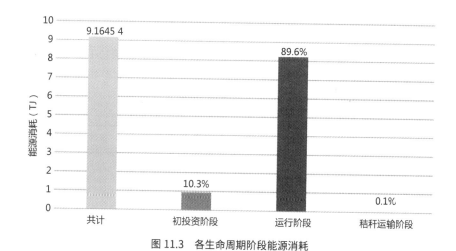

图 11.3　各生命周期阶段能源消耗

2）温室气体排放量

根据 IPCC 2013 GWP 100a 计算该项目全生命周期内的温室气体排放量。计算结果如表 11.6 所列。

表 11.6　各生命周期阶段温室气体排放量

影响类别	单位	共计	初投资阶段	运行阶段	秸秆运输阶段
IPCC GWP 100a	kg CO₂ eq	602 818.1	86 269.759	516 506.95	41.388 087

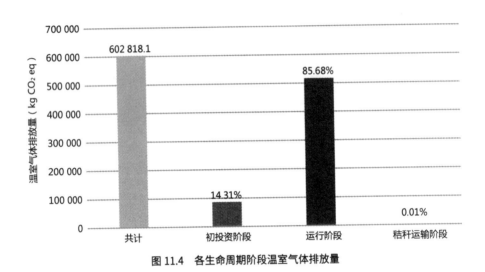

图 11.4　各生命周期阶段温室气体排放量

与一次能源消耗量的情况相同，造成温室气体排放的最主要生命周期阶段是制沼阶段，占全生命周期阶段总量的 85% 左右。

3）Eco-Indicator99 生态指数法

该项目年产沼气 31 100 m³，运行 20 年共产沼气 622 000 m³，热值为 1.344×10^7 MJ。马庄项目生命周期各阶段特征化结果如表 11.7 所列。

表 11.7　生命周期各阶段特征化结果

影响类别	单位	共计	初投资阶段	运行阶段	秸秆运输阶段
致癌物质	DALY	0.319 781 8	0.059 522 183	0.260 241 08	0.000 0185
呼吸有机物	DALY	0.000 499 4	0.000 133 846	0.000 365 444	0.000 000 1.57
呼吸无机物	DALY	0.426 483	0.152 931 97	0.273 511 41	0.000 039 7
气候变化	DALY	0.128 559 9	0.018 133 409	0.110 418 02	0.000 008 42
辐射	DALY	0.000 321 7	0.000 06.98E-05	0.000 251 436	0.000 000 585
臭氧层破坏	DALY	0.000 018 1	0.000 005 52	0.000 013 5	0.000 000 062 3
生态毒性	PAF*m²yr	348706.77	264 202.82	84 495.989	8.958 503 8

（续表）

影响类别	单位	共计	初投资阶段	运行阶段	秸秆运输阶段
酸化 / 富营养化	PDF*m²yr	28 106.062	1 482.810 3	26 622.116	1.135 511 7
土地使用	PDF*m²yr	−5 094 039	2 460.242 8	−5096 501.9	2.483 738 6
矿石	MJ surplus	90 727.977	81 839.676	8 887.7155	0.585 214 47
化石燃料	MJ surplus	164 825.74	54 561.16	109 880.9	383.681 36

马庄项目生命周期单一环境负荷值见表 11.8 所列。

表 11.8　全生命周期单一环境负荷值

损害类别	单位	共计	初投资阶段	运行阶段	秸秆运输阶段
共计	kPt	−302.983 2	17.451 128	−320.451 46	0.017 104 646
人类健康	kPt	39.650 06	10.450 429	29.196 583	0.003 047 577
生态系统质量	kPt	−351.771 9	2.123 004 4	−353.895 21	0.000 315 696
资源	kPt	9.138 600 9	5.877 693 9	5.247 165 7	0.013 741 373

Eco-Indicator99 生态指数法的单位是 Pt，它是一个无量纲的基准量，表征环境负荷。它包含了人类健康、生态系统质量和资源三大类，包含致癌物质、呼吸有机物、呼吸无机物、气候变化、辐射、臭氧层破坏、生态毒性、酸化或富营养化、土地使用、矿石、化石燃料共 11 个小类。由表 11.8 可以看出，初投资阶段土建工程等的建造会造成一定的环境负荷，但是在制沼阶段环境负荷却是负值，总体的全生命周期环境负荷是负值。这表明，该废弃物资源化技术不仅不会对环境造成影响，还有利于村镇环境。因此马庄的生物质利用技术是典型的绿色技术，不仅解决了村镇能源问题，还有利于村镇生态环境保护。

11.6　对比天然气使用的生命周期评价

马庄项目使用的天然气数量为 374 652.72 m³。本节通过计算，分析此天然气使用量的一次能源消耗、温室气体排放，以及利用 Eco-Indicator99（生态指数法）等环境影响评价指标体系进行环境影响评价分析，并将其结果与马庄项目对比。

1）一次能源消耗量与温室气体排放量

从全生命周期一次能源消耗与温室气体排放角度来分析，村镇居民采用秸秆太阳能制沼技术生产沼气与使用天然气相比，不仅耗能少，且造成的温室气体排放量也会减小，综合来看，秸秆太阳能制沼技术具有一定的节能减排效益。

表 11.9　全生命周期一次能源消耗与温室气体排放

类别	单位	马庄秸秆太阳能制沼	天然气
一次能源消耗	TJ	9.164 54	15.772 52
温室气体排放	kg CO_2 eq	602 818.1	171 395.7

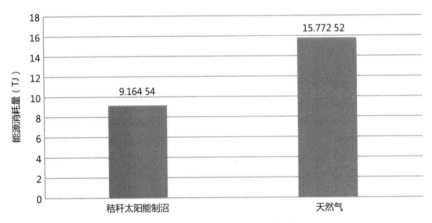

图 11.5　全生命周期一次能源消耗量

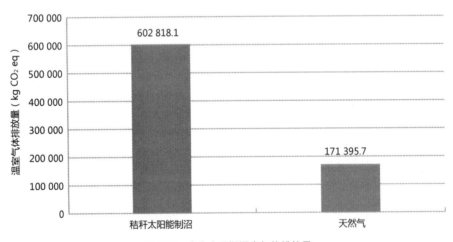

图 11.6　全生命周期温室气体排放量

2）Eco-Indicator99 生态指数法

从表 11.10 中明显可以看出，使用天然气其环境负荷显示为正值，而马庄秸秆制沼工程为负值，后者明显更有利于村镇生态环境保护，减小村镇环境负荷。

表 11.10　全生命周期单一环境负荷值

损害类别	单位	马庄秸秆太阳能制沼	天然气
共计	kPt	−302.983 2	66.126 086
Human Health	kPt	39.650 06	20.508 586
Ecosystem Quality	kPt	−351.771 9	0.568 701 3
Resources	kPt	9.138 600 9	45.048 799

11.7　村镇废弃物资源化环境评价模型的应用

根据本章中建立的村镇废弃物资源化环境评价模型，将清单数据进行分析处理。

1）分类及特征化

计算各种影响类型的环境影响潜值。统计出各影响因子的数值，如表 11.11 所列。

表 11.11　环境影响因子分类及其当量系数

环境影响类型	影响因子	单位	数量	当量系数
全球气候变暖	CO_2	kg	352 868.6	1
	CH_4	kg	0.004 018 5	25
酸化	SO_2	kg	639.210 73	1
	NO_x	kg	722.908 6	0.56
	NH_3	kg	1 497.083	2.45
光化学烟雾	NO_x	kg	722.908 6	1
	VOC	kg	0.322 027	1
	HC	kg	7.966 990 3	0.037
	苯	kg	9.063 509 9	0.368
	甲苯	kg	0.960 099 7	2.333
人体毒性	SO_2	kg	639.210 73	0.31
	苯	kg	9.063 509 9	0.753801
	甲苯	kg	0.960 099 7	15.78918
富营养化	NO_x	kg	722.908 6	0.039
	TN	kg	727.328 93	1.429

环境影响类型	影响因子	单位	数量	当量系数
富营养化	TP	kg	8.711 335 9	1
	NH₃	kg	1 497.083	0.824
化石燃料消耗	原油	kg	20 789.468	1
	褐煤	kg	4 118.890 7	0.22
	无烟煤	kg	36 751.383	0.42
	天然气	m³	12 535.627	0.88

2) 标准化及加权

为进行不同环境影响类型的比较,采用 2000 年世界人均环境影响潜值作为基准值。则标准化后的环境影响潜值如表 11.12 所列。

表 11.12　各环境影响潜值标准化

环境影响类型	单位	影响潜值	基准值	标准化
全球气候变暖	kg CO_2 eq/p/yr	3 528.687	9 487.061	0.371 947 33
酸化	kg SO_2 eq/p/yr	47.118 929	35.701 32	1.319 809 15
富营养化	kg P eq/p/yr	23.098 542	0.289 853	79.690 539 8
人体毒性	kg 1,4-DB eq/p/yr	2.191 865	211.874 6	0.010 345 1
烟粉尘	kg PM10 eq/p/yr	0	15.058 32	0
光化学烟雾	kg VOC/p/yr	7.291 006 9	56.736 57	0.128 506 3
化石燃料消耗	kg oil eq/p/yr	481.625 57	1 289.601	0.373 468 67

依照不同环境影响类型的权重赋值计算出环境影响总指标值,见表 11.13。

表 11.13　各环境影响指标权重

环境影响类型	权重值
化石能源消耗	0.41
全球气候变暖	0.21
富营养化	0.14
人体毒性	0.08
光化学烟雾	0.08
烟粉尘	0.05
酸化	0.03

3）环境影响总指标值 EIP 计算

根据式 9.1 与式 9.2 的计算，得出最终加权后的环境影响总指标值值为：

$$EIP=\sum WF(j)\times NEP(j)=11.438\ 609\ 06$$

4）马庄秸秆太阳能制沼技术与天然气对比

利用相同的村镇废弃物资源化环境评价模型，按照同等热值计算的村镇居民使用天然气的环境影响指标计算过程如表 11.14 与表 11.15 所列。

表 11.14 环境影响因子分类级数值

环境影响类型	影响因子	单位	当量系数	数量
化石燃料消耗	原油	kg	1	1 167.535 9
	褐煤	kg	0.22	5 512.881 7
	天然气	m³	0.88	406 618.99
全球气候变暖	CO_2	kg	1	55 570.142 58
	CH_4	kg	25	3 605.155 1
	N_2O	kg	298	16.523 966 4
酸化	SO_2	kg	1	7 160.157 8
	NO_x	kg	0.56	82.619 832
	NH_3	kg	2.45	16.000 573 23
光化学烟雾	NO_x	kg	1	82.619 832
	VOC	kg	1	229.476 568 9
	HC	kg	0.037	118.186 701
	苯	kg	0.368	2.309 997 201
	甲苯	kg	2.333	2.023 981 12
人体毒性	SO_2	kg	0.31	7 160.157 8
	NO_2	kg	1.2	25.785 949 6
	苯	kg	0.753 801	2.309 997 201
	甲苯	kg	15.789 18	2.023 981 12
富营养化	NO_x	kg	0.039	82.619 832
	TN	kg	1.429	0.003 704 432
	TP	kg	1	
	NH_3	kg	0.824	16.000 573 23
烟粉尘	PM_{10}	kg	1	11.631 155 2

表 11.15 对比案例各环境影响潜值标准化及加权

环境影响类型	单位	影响潜值	基准值	标准化	权重
全球气候变暖	kg CO_2 eq/p/yr	150 598.12	9 487.061	15.874 058 5	0.21
酸化	kg SO_2 eq/p/yr	7 245.626 3	35.701 32	202.951 216	0.03
富营养化	kg P eq/p/yr	16.411 9	0.289 853	56.621 595 8	0.14
人体毒性	kg 1,4-DB eq/p/yr	2 281.066 4	211.874 6	10.766 115 2	0.08
烟粉尘	kg PM10 eq/p/yr	11.631 2	15.058 32	0.827 350 29	0.05
光化学烟雾	kg VOC/p/yr	322.041 3	56.736 57	5.676 080 45	0.08
化石燃料消耗	kg oil eq/p/yr	360 205.08	1 289.601	279.315 137	0.41

采用本书的环境评价模型，各环境影响潜值标准化及加权过程如表 11.15 所列，天然气使用的环境指标值为：

$$EIP=\sum WF(j)\times NEP(j)=133.2251$$

11.8 本章小结

废弃物资源化环境评价模型计算出的总环境指标值显示出：

马庄村秸秆太阳能制沼技术与相同功能单位下使用天然气相比，对环境造成的压力较小，有利于村镇生态环境和可持续发展。该模型计算得出的结论与采用 Cumulative Energy Demand (CED) 和 IPCC 2013 模型分别计算出的全生命周期一次能源消耗量和温室气体排放量的结论相同，因此该模型具有一定的合理性。

马庄村秸秆太阳能制沼之一实际工程，说明对于村镇居民而言，使用经秸秆太阳能沼气技术生产的沼气比使用天然气对环境造成的影响较小，且具有更高的节能减排效益。

附录 A 专家打分问卷设置表

《绿色生态村镇环境指标评价体系》专家打分问卷

本问卷调查属"十二五"国家科技支撑计划课题《绿色生态村镇环境指标体系与实施机制研究》的主要研究内容。

感谢您百忙之中抽出时间填写本问卷,您的知识与经验将为"绿色生态村镇环境指标评价体系"的构建做出巨大贡献!

本指标体系分为 4 大类,14 小类,体系结构如下图所示:

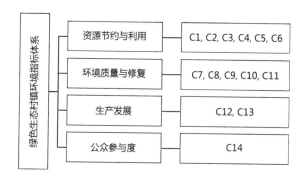

请对每个问题中的各个指标的重要程度进行打分。打分规则为:

重要程度	得分	说明
不太重要	1	该指标对"绿色生态环境"贡献不大
稍重要	2	该指标对"绿色生态环境"稍有贡献
重要	3	该指标对"绿色生态环境"有贡献
很重要	4	该指标对"绿色生态环境"有明显贡献
绝对重要	5	该指标对"绿色生态环境"有非常明显贡献

例如,在"村镇用地选址及功能分区"类目中,您认为"公共服务设施完善度"绝对重要,"人均休闲娱乐用地面积"稍重要,"公共交通便利性"稍重要,则填写如下:

4. 在"村镇用地选址与功能分区"类目中，您认为下列指标的重要程度为：

	重要程度（不必排序，可相同）
公共服务设施完善度	★ ★ ★ ★ ★
人均休闲娱乐用地面积	★ ★ ☆ ☆ ☆
公共交通便利性	★ ★ ☆ ☆ ☆

1. 您的专业背景为（单选题 * 必答）

　○ 环境

　○ 暖通

　○ 建筑

　○ 城市规划

　○ 土木

　○ 经济学

　○ 管理学

　○ 国土

　○ 资源

　○ 农林

　○ 其他

2. 本次调研专门针对"环境"，但其他指标对环境是有作用的，可能影响程度即权重不同。例如，在"资源节约与利用"大类中，"废弃物处理与资源化"显然是村镇环境直接影响指标，权重较大，而"村镇用地选址与功能分区"不是村镇环境直接影响指标，权重会小。请问您是否理解了本次调研的意图？（单选题 * 必答）

　○ 是

　○ 否

3. 下列 3~9 题所述指标隶属于资源节约与利用大类 在"土地规划"类目中，您认为下列指标对绿色生态环境的重要程度为：(矩阵打分题请填 1~5 数字打分 * 必答)

	重要程度（不必排序，可相同）
村镇规划、用地的合理性	
受保护地区占国土面积比例	

4. 在"村镇用地选址与功能分区"类目中，您认为下列指标对绿色生态环境的重要程度为：(矩阵打分题 请填 1~5 数字打分 * 必答)

	重要程度（不必排序，可相同）
公共服务设施完善度	
人均休闲娱乐用地面积	
公共交通便利性	

5. 在"社区与农房建设"类目中，您认为下列指标对绿色生态环境的重要程度为：(矩阵打分题 请填 1~5 数字打分 * 必答)

	重要程度（不必排序，可相同）
农村卫生厕所普及率	
绿色农房比率	
绿色建材使用比率	

6. 在"清洁能源利用与节能"类目中，您认为下列指标对绿色生态环境的重要程度为：(矩阵打分题 请填 1~5 数字打分 * 必答)

	重要程度（不必排序，可相同）
农村生活用能中清洁能源使用率	
农作物秸秆综合利用率	
节能节水器具使用率	

7. 在"水资源利用"类目中，您认为下列指标对绿色生态环境的重要程度为：(矩阵打分题 请填 1~5 数字打分 * 必答)

	重要程度（不必排序，可相同）
地表水环境质量（内陆）| 近岸海域水环境质量（沿海）	
集中式饮用水水源地水质达标率（城镇）| 农村饮用水卫生合格率 (农村)	
农业灌溉水有效利用系数	
非传统水源利用率	

8. 在"废弃物处理与资源化"类目中，您认为下列指标对绿色生态环境的重要程度为：(矩阵打分题 请填 1~5 数字打分 * 必答)

	重要程度（不必排序，可相同）
生活垃圾定点存放清运率	
生活垃圾资源化利用率	
城镇生活垃圾无害化处理率	
农用塑料薄膜回收率	
集约化畜禽养殖场粪便综合利用率	
建筑旧材料再利用率	

9. 综合 3~8 题，在"资源节约与利用"大类中，您认为下列指标对绿色生态环境的重要程度为：(矩阵打分题 请填 1~5 数字打分 * 必答)

	重要程度（不必排序，可相同）
土地规划	
村镇用地选址与功能分区	
社区与农房建设	
清洁能源利用与节能	
水资源利用	
废弃物处理与资源化	

下列 10~15 题所述指标隶属于"环境质量与修复"大类

10. 在"污水处理"类目中，您认为下列指标对绿色生态环境的重要程度为：(矩阵打分题 请填 1~5 数字打分 * 必答)

	重要程度（不必排序，可相同）
化学需氧量（COD）排放强度	
城镇生活污水集中处理率	
城镇污水再生利用率	

11. 在"环境修复"类目中，您认为下列指标对绿色生态环境的重要程度为：(矩阵打分题 请填 1~5 数字打分 * 必答)

	重要程度（不必排序，可相同）
森林覆盖率	
城镇人均公共绿地面积	
退化土地恢复率	
化肥施用强度 (折纯)	
农药施用强度	

12. 在"空气质量"类目中，您认为下列指标对绿色生态环境的重要程度为：(矩阵打分题 请填 1~5 数字打分 * 必答)

	重要程度（不必排序，可相同）
主要大气污染物浓度	
空气质量满意度	

13. 在"声环境"类目中，您认为下列指标对绿色生态环境的重要程度为：(矩阵打分题 请填 1~5 数字打分 * 必答)

	重要程度（不必排序，可相同）
环境噪声达标区的覆盖率	

14. 在"生态景观"类目中，您认为下列指标对绿色生态环境的重要程度为：(矩阵打分题 请填 1~5 数字打分 * 必答)

	重要程度（不必排序，可相同）
物种多样性指数	
河塘沟渠整治率	

15. 综合 10~14 题，在"环境质量与修复"大类中，您认为下列指标对绿色生态环境的重要程度为：(矩阵打分题 请填 1~5 数字打分 * 必答)

	重要程度（不必排序，可相同）
污水处理	
环境修复	
空气质量	
声环境	
生态景观	

下列 16~18 题所述指标隶属于"生产发展与管理"大类

16. 在"清洁生产与低碳发展"类目中，您认为下列指标对绿色生态环境的重要程度为：（矩阵打分题 请填 1~5 数字打分 * 必答）

	重要程度（不必排序，可相同）
村民年人均可支配收入	
城镇居民年人均可支配收入	
特色产业	
单位 GDP 能耗	
单位 GDP 水耗	
单位 GDP 碳排放量	

17. 在"生态环保产业"类目中，您认为下列指标对绿色生态环境的重要程度为：（矩阵打分题 请填 1~5 数字打分 * 必答）

	重要程度（不必排序，可相同）
环境保护投资占 GDP 比重	
主要农产品中有机、绿色及无公害产品种植面积的比重	

18. 综合 16~18 题，在"生产发展与管理"大类中，您认为下列指标对绿色生态环境的重要程度为：（矩阵打分题 请填 1~5 数字打分 * 必答）

	重要程度（不必排序，可相同）
清洁生产与低碳发展	

（续表）

	重要程度（不必排序，可相同）
生态环保产业	

下列第 19 题所述指标隶属于"公共服务与参与"大类。

19. 在"公共服务与参与"类目中，您认为下列指标对绿色生态环境的重要程度为：（矩阵打分题 请填 1~5 数字打分 * 必答）

	重要程度（不必排序，可相同）
公众对环境的满意率	
环保宣传普及率	
遵守节约资源和保护环境村民的农户比例	

20. 综上所述，对于整个绿色生态村镇环境指标评价体系，您认为下列指标对绿色生态环境的重要程度为：（矩阵打分题 请填 1~5 数字打分 * 必答）

	重要程度（不必排序，可相同）
资源节约与利用	
环境质量与修复	
生产发展与管理	
公共服务与参与	

附录 B 绿色生态村镇评价指标权重设置表

系统层	权重	目标层	权重	准则层	权重
资源节约与利用	0.248 1	土地规划	0.200 9	村镇规划、用地的合理性	0.666 7
				受保护地区占国土面积比例	0.333 3
		村镇用地选址与功能分区	0.200 9	公共服务设施完善度	0.428 6
				人均休闲娱乐用地面积	0.142 9
				公共交通便利性	0.428 6
		社区与农房建设	0.112 8	农村卫生厕所普及率	0.500 0
				绿色农房比率	0.250 0
				绿色建材使用比率	0.250 0
		清洁能源利用与节能	0.100 5	农村生活用能中清洁能源使用率	0.310 8
				农作物秸秆综合利用率	0.493 4
				节能节水器具使用率	0.195 8
		水资源利用	0.225 5	地表水环境质量（内陆）近岸海域水环境质量（沿海）	0.344 8
				集中式饮用水水源地水质达标率（城镇）农村饮用水卫生合格率（农村）	0.370 5
				农业灌溉水有效利用系数	0.185 2
				非传统水源利用率	0.099 5
		废弃物处理与资源化	0.159 5	生活垃圾定点存放清运率	0.243 5
				生活垃圾资源化利用率	0.143 3
				城镇生活垃圾无害化处理率	0.216 9
				农用塑料薄膜回收率	0.127 7
				集约化畜禽养殖场粪便综合利用率	0.143 3
				建筑旧材料再利用率	0.125 2

（续表）

系统层	权重	目标层	权重	准则层	权重
环境质量与修复	0.295 1	污水处理	0.261 6	化学需氧量（COD）排放强度	0.250 0
				城镇生活污水集中处理率	0.500 0
				城镇污水再生利用率	0.250 0
		环境修复	0.261 6	森林覆盖率	0.227 2
				城镇人均公共绿地面积	0.149 9
				退化土地恢复率	0.227 2
				化肥施用强度（折纯）	0.197 8
				农药施用强度	0.197 8
		空气质量	0.261 6	主要大气污染物浓度	0.333 3
				空气质量满意度	0.666 7
		声环境	0.094 6	环境噪声达标区的覆盖率	1.000 0
		生态景观	0.120 6	物种多样性指数	0.500 0
				河塘沟渠整治率	0.500 0
生产发展与管理	0.248 1	清洁生产与低碳发展	0.500 0	村民年人均可支配收入	0.231 4
				城镇居民年人均可支配收入	0.183 6
				特色产业	0.163 6
				单位 GDP 能耗	0.129 9
				单位 GDP 水耗	0.145 8
				单位 GDP 碳排放量	0.145 8
		生态环保产业	0.500 0	环境保护投资占 GDP 比重	0.500 0
				主要农产品中有机、绿色及无公害产品种植面积的比重	0.500 0
公共服务与参与	0.208 7	公共服务与参与	1	公众对环境的满意率	0.500 0
				环保宣传普及率	0.250 0
				遵守节约资源和保护环境村民的农户比例	0.250 0

附录 C   评价指标（条文）分值设置表

类型	项目	指标		评分方法	
一、资源节约与利用	1. 土地规划	(1) 村镇规划、用地的合理性		规划不符合指标解释中提出的要求，0分； 规划符合指标解释中提出的要求基础上，有其他特色措施酌情给分，直至满分5分	
		(2) 受保护地区占国土面积比例	山区及丘陵区	山区及丘陵区＜20%时0分，平原地区＜15%时0分； 比例每增加15%加1分，直至满分5分	
			平原地区		
	2. 村镇用地选址与功能分区	(3) 公共服务设施完善度	学校服务半径与覆盖比例	服务半径＞300 m，所覆盖的用地面积占居住区总用地面积的比例＜30%，0分； 服务半径≤300 m，30%≤覆盖比例＜35%，1分； 覆盖比例每增加5%加1分，直至满分5分	
			养老服务半径与覆盖比例	服务半径＞500 m，所覆盖的用地面积占居住区总用地面积的比例＜30%，0分； 服务半径≤500 m，30%≤覆盖比例＜35%，1分； 覆盖比例每增加5%加1分，直至满分5分	
			医院服务半径与覆盖比例		
			商业服务半径与覆盖比例	服务半径＞500 m，所覆盖的用地面积占居住区总用地面积的比例＜60%，0分； 服务半径≤500 m，60%≤覆盖比例＜65%，1分； 覆盖比例每增加5%加1分，直至满分5分	
		(4) 人均休闲娱乐用地面积		无符合定义要求的活动室时，0分； 每建有一个符合定义要求的活动室加1分，直至满分5分	
		(5) 公共交通便利性		镇区不足60%的生活区和工作区在公交站点500 m半径覆盖范围之内时，0分； 镇区的生活区和工作区60%～70%在公交站点500 m半径覆盖范围之内，1分； 比例每增加10%加1分，直至满分5分	
	3. 社区与农房建设	(6) 农村卫生厕所普及率		＜100%，0分	100%，满分5分
		(7) 绿色农房数		每有一幢加1分，直至满分5分	
		(8) 绿色建材使用比率		＜30%时0分；30%～40%，1分； 比例每增加10%加1分，直至满分5分	
	4. 清洁能源利用与节能	(9) 农村生活用能中清洁能源使用率		＜60%时0分；比例每增加10%加1分，直至满分5分	
		(10) 农作物秸秆综合利用率裸野焚烧率		农作物秸秆综合利用率＜95%，或裸野焚烧率不为0%时，0分	农作物秸秆综合利用率≥95%，裸野焚烧率为0%时，5分
		(11) 节能节水器具使用率		＜100%，0分	100%%，满分5分
	5. 水资源利用	(12) 地表水环境质量近岸海域水环境质量		未达到功能区标准，0分；达到功能区标准的基础上，有其他改善措施酌情给分，满分5分	
		(13) 集中式饮用水水源地水质达标率农村饮用水卫生合格率		＜100%，0分	100%，满分5分

（续表）

类型	项目	指标		评分方法			
一、资源节约与利用	5. 水资源利用	(14) 农业灌溉水有效利用系数		< 0.55, 0 分; 0.55～0.6, 1 分; 每增加 0.05, 增加 1 分, 直至满分 5 分			
		(15) 非传统水源利用率		< 5%, 0 分; 5%～6%, 1 分; 比例每增加 1% 加 1 分, 直至满分 5 分			
	6. 废弃物处理与资源化	(16) 生活垃圾定点存放清运率		< 100%, 0 分		100%, 满分 5 分	
		(17) 生活垃圾资源化利用率	东部	< 90%, 0 分		≥ 90%, 满分 5 分	
			中部	< 80%, 0 分		≥ 80%, 满分 5 分	
			西部	< 70%, 0 分		≥ 70%, 满分 5 分	
		(18) 村镇生活垃圾无害化处理率		< 100%, 0 分		100%, 满分 5 分	
		(19) 农用塑料薄膜回收率		< 90%, 0 分		≥ 90%, 满分 5 分	
		(20) 集约化畜禽养殖场粪便综合利用率		< 95%, 0 分		≥ 95%, 满分 5 分	
		(21) 建筑旧材料再利用率		< 30% 时 0 分; 30%～45%, 1 分; 比例每增加 15% 加 1 分, 直至满分 5 分			
二、环境质量与修复	7. 污水处理	(22) 化学需氧量 (COD) 排放强度		≥ 5.5 kg/万元 (GDP), 0 分		< 5.5 kg/万元 (GDP), 5 分	
		(23) 村镇生活污水集中处理率		< 70%, 0 分	70%～80%, 1 分	80%～90%, 3 分	≥ 90%, 5 分
		(24) 村镇污水再生利用率		< 80%, 0 分		80%～90%, 3 分	≥ 90%, 5 分
	8. 环境修复	(25) 森林覆盖率	山区	< 75%, 0 分; 75%～80%, 1 分; 比例每增加 5% 加 1 分, 直至满分 5 分			
			丘陵区	< 45%, 0 分; 45%～55%, 1 分; 比例每增加 10% 加 1 分, 直至满分 5 分			
			平原地区	< 18%, 0 分; 18%～30%, 1 分; 比例每增加 15% 加 1 分, 直至满分 5 分			
			高寒区或草原区林草覆盖率	< 75%, 0 分; 75%～80%, 1 分; 比例每增加 5% 加 1 分, 直至满分 5 分			
		(26) 村镇人均公共绿地面积		< 12m²/人, 0 分; 12～13m²/人, 1 分; 每增加 1m²/人加 1 分, 直至满分 5 分			
		(27) 退化土地恢复率		< 90%, 0 分		≥ 90%, 满分 5 分	
		(28) 化肥施用强度 (折纯)		≥ 250 kg/hm², 0 分; 240～250 kg/hm², 1 分; 每减少 10 kg/hm² 加 1 分, 直至满分 5 分			
		(29) 农药施用强度		> 3 kg/hm², 0 分	2.5～3 kg/hm², 1 分	2～2.5 kg/hm², 3 分	< 2 kg/hm², 5 分
	9. 空气质量	(30) 主要大气污染物浓度	SO_2	> 500 μg/m³ (1 h 平均值), 0 分; 400～500 μg/m³ (1 h 平均值), 1 分; 每减少 100 μg/m³ (1 h 平均值) 加 1 分, 直至满分 5 分			
			氮氧化物	> 200 μg/m³ (1 h 平均值), 0 分; 150～200 μg/m³ (1 h 平均值), 1 分; 每减少 50 μg/m³ (1 h 平均值) 加 1 分, 直至满分 5 分			
		(31) 空气质量满意度		< 80%, 0 分		80%～90%, 3 分	≥ 90%, 5 分

类型	项目	指标		评分方法					
二、环境质量与修复	10. 声环境	(32) 环境噪声达标区的覆盖率	昼间	< 90%，0 分			≥ 90%，满分 5 分		
			夜间	< 80%，0 分			≥ 80%，满分 5 分		
	11. 生态景观	(33) 物种多样性指数珍稀濒危物种的保护率		< 0.9，0 分			≥ 0.9，满分 5 分		
		(34) 河塘沟渠整治率		< 90%，0 分			≥ 90%，满分 5 分		
三、生产发展与管理	12. 清洁生产与低碳发展	(35) 农民年人均纯收入	经济发达地区	< 11 000，0 分	11 000 ~ 16 500，1 分	16 500 ~ 22 000，2 分	22 000 ~ 27 500，3 分	27 500 ~ 3 3000，4 分	≥ 33 000，5 分
			经济欠发达地区	< 8 000，0 分	8 000 ~ 12 000，1 分	12 000 ~ 16 000，2 分	16 000 ~ 20 000，3 分	20 000 ~ 24 000，4 分	≥ 24 000，5 分
		(36) 城镇居民年人均可支配收入	经济发达地区	< 24 000，0 分	24 000 ~ 36 000，1 分	36 000 ~ 48 000，2 分	48 000 ~ 60 000，3 分	60 000 ~ 72 000，4 分	≥ 72 000，5 分
			经济欠发达地区	< 18 000，0 分	18 000 ~ 27 000，1 分	27 000 ~ 36 000，2 分	36 000 ~ 45 000，3 分	45 000 ~ 54 000，4 分	≥ 54 000，5 分
		(37) 特色产业		有一种模式的特色产业，1 分；至少有一种模式的特色产业基础上，酌情给分，满分 5 分					
		(38) 单位 GDP 能耗		> 1.2 吨标煤 / 万元，0 分； ≤ 1.2 吨标煤 / 万元，且单位地区生产总值能耗低于所在省（市）目标且相对基准年的年均进一步降低率 0.3% ~ 0.4%，1 分； 每增加 0.1% 加 1 分，直至满分 5 分					
		(39) 单位 GDP 水耗		> 150 m³/ 万元，0 分； ≤ 150 m³/ 万元，且单位地区生产总值水耗低于所在省（市）目标且相对基准年的年均进一步降低率 0.3% ~ 0.4%，1 分； 每增加 0.1% 加 1 分，直至满分 5 分					
		(40) 单位 GDP 碳排放量		未达到所在地的减碳目标，0 分； 达到所在地的减碳目标基础上，有其他改善措施酌情给分，满分 5 分					
	13. 生态环保产业	(41) 环境保护投资占 GDP 的比重		< 10%，0 分； 10% ~ 15%，1 分； 比例每增加 5% 加 1 分，直至满分 5 分					
		(42) 主要农产品中有机、绿色及无公害产品种植面积的比重		< 60%，0 分； 60% ~ 70%，1 分； 比例每增加 10% 加 1 分，直至满分 5 分					
四、公共服务与参与	14. 公众参与度	(43) 公众对环境的满意率		< 95%，0 分			≥ 95%，满分 5 分		
		(44) 环保宣传普及率		< 85%，0 分	85% ~ 90%，1 分		90% ~ 95%，3 分		≥ 95%，5 分
		(45) 遵守节约资源和保护环境村民的农户比例		< 95%，0 分			≥ 95%，满分 5 分		
五、创新项	15. 创新项	(46) 创新项		酌情给分，满分 10 分					

附录 D 评分软件使用说明书

1）编写目的

编写本使用说明的目的是充分叙述本软件所能实现的功能及其运行环境，以便使用者了解本软件的使用范围和使用方法，并为软件的维护和更新提供必要的信息。

2）软件概述

（1）软件用途

本软件通过输入目标村镇资源、环境、生产发展与公共服务等方面的信息，量化评估村镇的生态环境水平

（2）软件运行

本软件运行在 PC 及其兼容机上，使用 WINDOWS 操作系统，在软件安装后，直接点击相应图标，就可以显示出软件的主菜单，进行需要的软件操作。

（3）系统配置

本软件要求在 PC 及其兼容机上运行，要求 Core i3 以上 CPU，1G 以上内存，4G 以上可用硬盘空间。

软件需要有 WINDOWS 7 及以上操作系统环境。

（4）软件结构

本软件中，有 1 个入口窗口、3 个评分窗口和 1 个结果窗口。可在入口窗口查看使用说明，并进入评分；在评分窗口分项对所有指标进行评分；在结果窗口显示汇总的评分结果，并进行综合总评和保存结果。

（5）输入、处理、输出

① 输入。

如图 D.1 所示，本软件需输入目标村镇各项环境指标的具体数值，并在部分指标处选择目标村镇特点。

② 处理。

在每个评分界面的指标数值输入完成后，点击"确认"按钮，计算指标相应得分，得分结果显示在右侧"评分结果"表格中。

在结果界面点击"总评"按钮可对目标村镇环境状态进行总评，计算总体得分并做出星级评价。

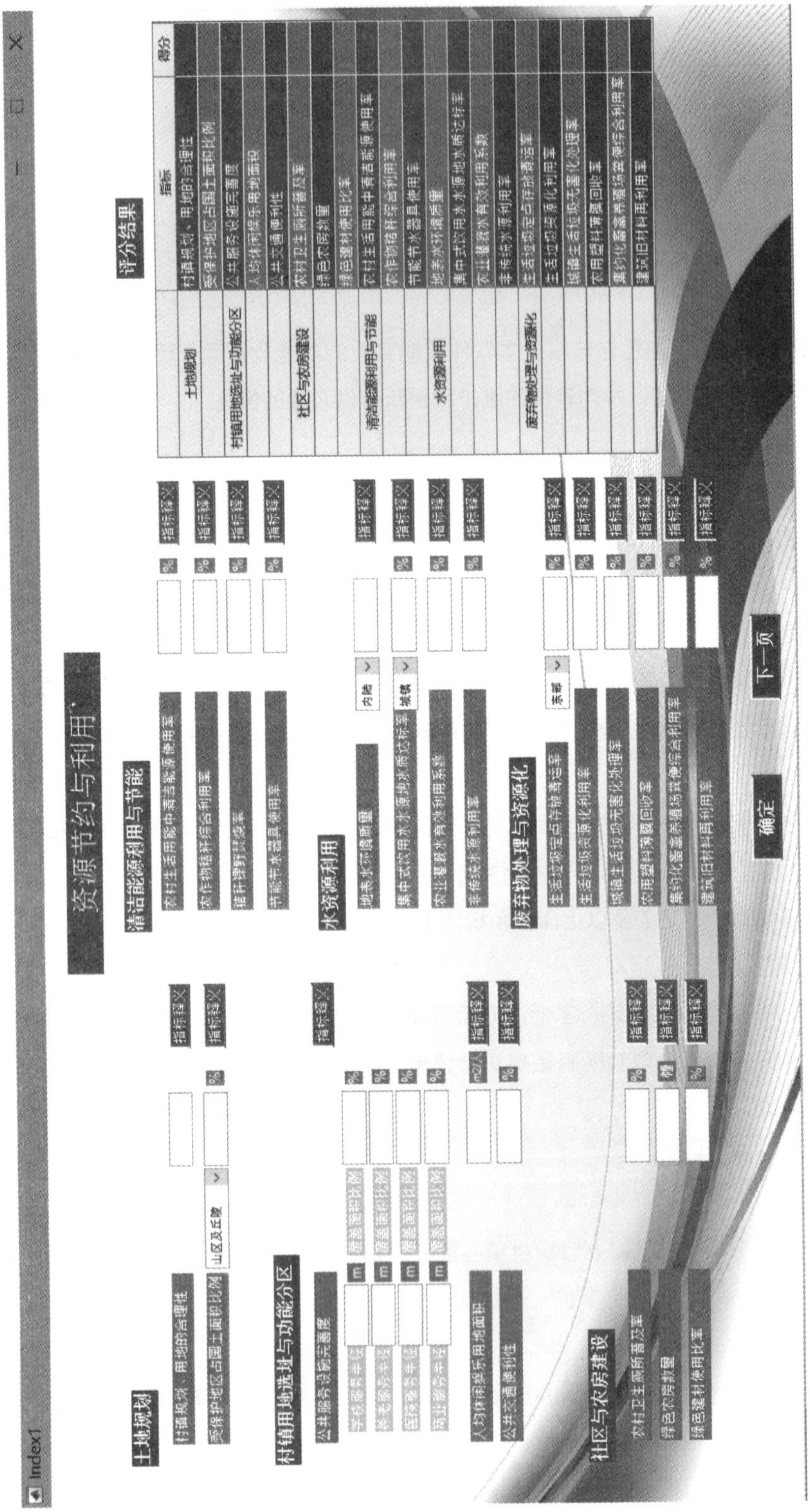

图 D.1 评分界面输入示意图

③ 输出。

结果显示与输出界面如图 D.2 所示。此界面中表格汇总显示示评分结果，点击"保存"按钮可将评分结果保存为 Excel 文件作为记录。

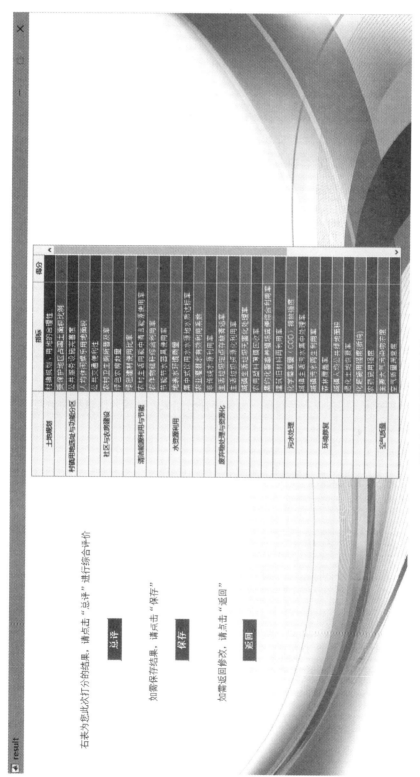

右表为您此次打分的结果，请点击"总评"进行综合评价

如需保存结果，请点击"保存"

如需返回修改，请点击"返回"

图 D.2　结果显示与输出界面

3）软件使用过程

（1）软件安装。

直接点击软件的安装软件 setup.exe；然后按照软件的提示进行。

（2）运行步骤。

首先，在软件入口界面可查看使用说明，点击"开始评分"按钮进入评分界面；

然后，在每个评分界面（共计 3 个）输入各指标的数值，点击确定计算每个指标的分值，点击"上一页""下一页"按钮在各评分界面间切换；

评分完成后，点击"完成"按钮进入结果页面，点击"总评"对目标村镇进行综合总评，得出总分和星级评价，点击"保存"按钮将评分结果保存为 Excel 表格。

（3）控制输入。

按照软件的说明，将目标村镇各指标的数值输入到软件中；具体过程如下为：

在每个评分界面（共计 3 个）输入各指标的数值，点击确定计算每个指标的分值，点击"上一页""下一页"按钮在各评分界面间切换。

（4）输入输出文件。

指标数值的输入需要在软件运行过程中进行。评分结果可输出为 Excel 文件保存。

（5）再启动及恢复过程。

软件运行中关闭，如未进行至结果界面保存评分结果，则输入信息和评分结果不会被保存，需要重新进行评分。

（6）出错处理。

软件运行过程中可能出现的错误及处理如下：

如指标输入值异常（如非数字、超出范围等），软件会提醒错误位置并要求更正。如下图 D.3 所示。

（7）非常规过程

如果出现不可能处理的问题，可以直接与公司的技术支持人员联系：dubowen12@foxmail.com。

4）软件维护过程

（1）出错及纠正方法。

若输入的数据不符合软件的要求，软件将可能提出错误，并提醒您按照软件的要求运行程序；可能出现的问题为输入值不合理或输入不完整，请按照提示进行修改。

（2）源程序清单。

仅 setup.exe，按提示安装后即可使用。

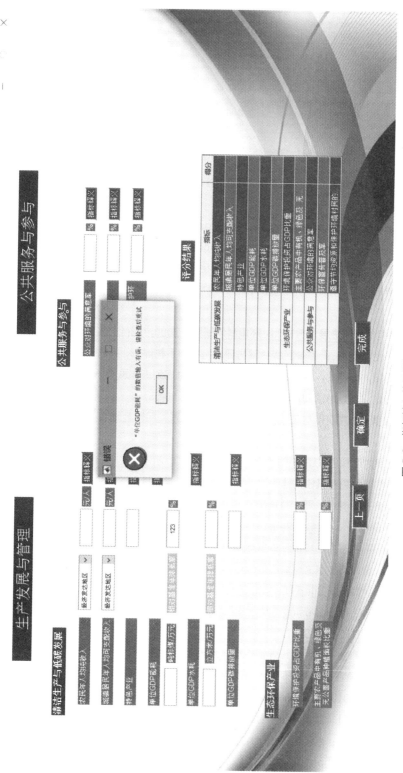

图 D.3　指标输入值异常提醒示意图

参考文献

[1] 环保部自然生态保护司. 生态村: 新农村建设的绿色目标 [M]. 北京: 中国环境科学出版社, 2011.

[2] 王敏, 熊丽君, 黄沈发. 崇明生态岛建设生态环境指标体系研究 [J]. 上海环境科学, 2010 (2): 47-51.

[3] Allen Hammond. Environmental indicators: a systematic approach to measuring and reporting on environmental policy performance in the context of sustainable development[M]. Washington D C, USA: World Resource Institute, 1995.

[4] 赵静, 曹伊清, 尹大强. "两型社会"建设环境指标体系研究 [J]. 中国人口资源与环境, 2010 (S1): 245-248.

[5] 仝川. 环境指标研究进展与分析 [J]. 环境科学研究, 2000, 13(4): 53-55.

[6] 郭嵘, 马晨光, 李潇. 严寒地区绿色镇村评价指标体系构建 [J]. 规划师, 2015, 31(6): 71-75.

[7] 陶德凯, 彭阳, 杨纯顺, 等. 城乡统筹背景下新农村规划工作思考——以南京市高淳县薛城村第九自然村村庄建设规划为例 [J]. 规划师, 2010, 26(3): 50-55.

[8] 王冠贤, 朱倩琼. 广州市村庄规划编制与实施的实践, 问题及建议 [J]. 规划师, 2012, 28(5): 81-85.

[9] 王洪林. 严寒地区绿色村镇评价指标体系构建研究 [D]. 哈尔滨: 哈尔滨工业大学, 2015.

[10] 杨伟. 严寒地区绿色村镇住宅建设评价指标构建的博弈分析 [D]. 哈尔滨: 哈尔滨工业大学, 2015.

[11] 李昂, 周怀东, 刘来胜, 等. 村镇生态系统健康研究——以重庆市开县岳溪镇为例 [J]. 中国水利水电科学研究院学报, 2014, 12(4):431-436.

[12] 戴添华. 贵阳市生态文明城市评价指标体系构建研究 [J]. 心事, 2014(16):288-288.

[13] 申振东. 建设贵阳市生态文明城市的指标体系与监测方法 [J]. 中国国情国力, 2009(5):13-16.

[14] Rejith P G, Jeeva S P, Vijith H, et al. Determination of groundwater quality index of a highland village of Kerala (India) using Geographical Information System.[J]. Journal of Environmental Health, 2009, 71(10):51-58.

[15] 许力飞. 我国城市生态文明建设评价指标体系研究 [D]. 武汉: 中国地质大学, 2015.

[16] 莫霞, 王伟强. 适宜技术视野下的生态城指标体系建构——以河北廊坊万庄可持续生态城为例 [J]. 现代城市研究, 2010, 25(5):58-65.

[17] 李丽. 小城镇生态环境质量评价指标体系及其评价方法的研究 [D]. 武汉: 华中农业大学, 2008.

[18] Gong D, Yang X, Wang S. Survey on the Evaluation Index System of a Green Village in a Cold Region[J]. World & Chongqing, 2015.

[19] 王从彦，潘法强，唐明觉，等 . 浅析生态文明建设指标体系选择——以镇江市为例 [J]. 中国人口资源与环境，2014(S3):149-153.

[20] 刘建文，卫旭方，周跃云 . 长株潭城市群 "两型" 低碳村镇建设评价指标体系构建 [J]. 湖南工业大学学报（社会科学版），2013, 18(2):5-9.

[21] 鲍婷 . 基于灰色 -AHP 法的绿色村镇综合评价研究 [D]. 哈尔滨：哈尔滨工业大学，2015.

[22] 秦伟山，张义丰，袁境 . 生态文明城市评价指标体系与水平测度 [J]. 资源科学，2013，35(8):1677-1685.

[23] Rajkumar A P, Brinda E M, Duba A S, et al. National suicide rates and mental health system indicators: An ecological study of 191 countries[J]. International Journal of Law & Psychiatry, 2013, 36(5–6):339-342.

[24] 郑琳琳 . 安徽省生态乡镇建设指标体系研究 [D]. 合肥：合肥工业大学，2012.

[25] 谭洁 . 天津市城镇生态社区评价指标体系构建 [D]. 天津：天津师范大学，2012.

[26] 王蔚炫 . 资源型小城镇可持续发展评价指标体系研究 [C]// 2015. 2015.

[27] Li X, Pan J. China Green Development Index Report 2011. Vol 7375. 1. Aufl.;1; ed. Dordrecht: Springer-Verlag; 2013;2012;.

[28] 姜莉萍 . 县域可持续发展指标体系的研究与评价 [D]. 北京：北京林业大学，2008.

[29] 曹蕾 . 区域生态文明建设评价指标体系及建模研究 [D]. 上海：华东师范大学，2015.

[30] 李健斌，陈鑫 . 世界可持续发展指标体系探究与借鉴 [J]. 理论界，2010，2010(1):53-55.

[31] William C Clark, Nancy M Dickson. Sustainability science: The emerging research program [J]. PNAS, 2003, 100(14): 8059-8061.

[32] Robert W Kates, Thomas M Parris. Long-term trends and a sustainability transition [J]. PNAS, 2003, Thomas M Parris, Robert W Kates. Characterizing a sustainability transition: Goals, targets, trends, and driving forces [J]. PNAS, 2003, 100(14): 8068-8073.

[33] Turner B L, Kasperson Roger E, Matson Pamela A. et al. A framework for vulnerability analysis in sustainability science [J]. PNAS, 2003, 100(14): 8074-8079.

[34] Turner B L, Matson Pamela A, McCarthy James J. et al. Illustrating the coupled human-environment system for vulnerability analysis: Three case studies [J]. PNAS, 2003, 100(14): 8080-8085.

[35] 国家生态文明建设示范村镇指标（试行）[R]. 环境保护部，2015.

[36] 国家级生态乡镇建设指标 [R]. 环境保护部，2010.

[37] 绿色低碳重点小城镇建设评价指标（试行）[R]. 住房城乡建设部，2012.

[38] 绿色农房建设导则（试行）[R]. 住房城乡建设部，2013.

[39] 中国城市科学研究会绿色建筑与节能专业委员会 . 绿色小城镇评价标准 CSUS/GBC-06—2015: [S]. 北京，2015.

[40] 全国环境优美乡镇考核标准（试行）[R]. 环境保护部，2002.

[41] 生态县、生态市、生态省建设指标（修订稿）[R]. 环境保护部，2007.

[42] 中国美丽村庄评鉴指标体系 [R]. 中国村社发展促进会特色村工作委员会联合亚太环境保护协会，2012.

[43] Norman Myers, Jennifer Kent. New consumers: The influence of affluence on the environment [J]. PNAS, 2003, 100(8): 4963-4968.

[44] William C Clark. Sustainability science: A room of its own [J]. PNAS, 2007, 104(6): 1737-1738.

[45] Carpenter Stephen R, Mooney Harold A, Agard John, et al. Science for managing ecosystem services: Beyond the Millennium Ecosystem Assessment [J]. PNAS, 2009, 106(5): 1305-1312.

[46] 李天星. 国内外可持续发展指标体系研究进展 [J]. 生态环境学报，2013(6):1085-1092.

[47] 王婧. 村镇低成本能源系统生命周期评价及指标体系研究 [D]. 上海：同济大学机械工程学院，2008.

[48] 卢求. 德国 DGNB——世界第二代绿色建筑评估体系 [J]. 世界建筑，2010(1):105-107.

[49] 张新端. 环境友好型城市建设环境指标体系研究 [D]. 重庆：重庆大学，2007.

[50] 王娜，梁冬梅. 长春市生态环境指标体系的建立及综合评价 [J]. 安徽农业科学，2011，39(7):4151-4152.

[51] 陈洁，曹昌盛，侯玉梅，等. 绿色生态村镇环境指标体系构建研究 [J]. 建设科技，2016(10):38-40.

[52] 蔡萍萍，章勤俭，倪震海. 烟草商业企业物流配送满意度模糊评价 [J]. 中国烟草学报，2012，18(5):66-72.

[53] 王光辉，肖圣才，刘小燕，等. Delphi 专家评分法在景观桥梁方案比选中的应用 [J]. 湖南理工学院学报：自然科学版，2011，24(3):79-82.

[54] 朱仕斌，张峰晓. 调查和专家打分法在风险评估中的应用 [J]. 山西建筑，2006(22):274-275.

[55] 葛世伦. 用 1—9 标度法确定功能评价系数 [J]. 价值工程，1989(1):33-35.

[56] 郭金玉，张忠彬，孙庆云. 层次分析法的研究与应用 [J]. 中国安全科学学报，2008，18(5):148-153.

[57] 邓雪，李家铭，曾浩健，等. 层次分析法权重计算方法分析及其应用研究 [J]. 数学的实践与认识，2012，42(7):93-100.

[58] 李丽，张海涛. 基于 BP 人工神经网络的小城镇生态环境质量评价模型 [J]. 应用生态学报，2008，19(12):2693-2698.

[59] 丁维，盛锦石. 江苏省海门县农村生态环境评价方法 [J]. 生态与农村环境学报，1994，10(2):38-40.

[60] 曹新向，梁留科，丁圣彦. 可持续发展定量评价的生态足迹分析方法 [J]. 自然杂志，2003，25(6):335-339.

[61] 王祥荣. 上海浦东新区持续发展的环境评价及生态规划 [J]. 城市规划学刊，1995(5):46-50.

[62] 曹连海，郝仕龙，陈南祥. 农村生态环境指标体系的构建与评价 [J]. 水土保持研究，2010，17(5):238-240.

[63] 李南洁，姜树辉. 村镇土地节约和集约利用评价指标体系研究 [J]. 南方农业，2008，2(3):69-71.

[64] Huang L, Shao C, Sun Z, et al. Study of the Index Evaluation System for Beautiful Village[J].

Ecological Economy, 2015.

[65] Zhang T, Hu Q, Fukuda H, et al. The Evaluation Method of Gully Village's Ecological Sustainable Development in the Gully Regions of Loess Plateau[J]. Journal of Building Construction & Planning Research, 2016, 04(1):1-12.

[66] Luo X Y, Ge J, Lu M Y. The evaluation system of ecological and low-carbon village in Zhejiang Province[J]. Lowland Technology International, 2015, 17(1):39-46.

[67] 白南生，李靖，辛本胜等. 村民对基础设施的需求强度和融资意愿——基于安徽凤阳农村居民的调查 [J]. 农业经济问题，2007，28(7):49-53.DOI:10.3969/j.issn.1000-6389.2007.07.010.

[68] 范昕墨. 村镇基础设施建设政府投资行为研究 [D]. 哈尔滨：哈尔滨工业大学，2009.

[69] 俞翰沁. 固体废弃物循环利用的激励机制研究 [J]. 学理论，2015，(4):180-181.DOI:10.3969/j.issn.1002-2589.2015.05.081.

[70] 臧传琴，刘畅. 环境规制与地方政府激励模式优化 [J]. 山东财经大学学报，2015，27(3):44-52.DOI:10.3969/j.issn.1008-2670.2015.03.006.

[71] 万冬君，王要武，姚兵等. 基础设施 PPP 融资模式及其在小城镇的应用研究 [J]. 土木工程学报，2006，39(6):115-119.DOI:10.3321/j.issn:1000-131X.2006.06.021.

[72] 乔恒利. 基础设施项目多元投融资模式选择研究 [D]. 上海：上海交通大学，2009.

[73] 林勇. 关于城市基础设施投融资模式的探索 [J]. 城市建设理论研究（电子版），2015，(22):6215-6216.

[74] 郭旸，温娇秀. 基于 ARMA 测算模型的农村综合基础设施投融资机制研究 [J]. 开发研究，2011，(2):105-107.DOI:10.3969/j.issn.1003-4161.2011.02.026.

[75] 欧阳澍. 基于低碳发展的我国环境制度架构研究 [D]. 长沙：中南大学，2011. DOI:10.7666/d.y1918373.

[76] 黄亮. 吉林省清洁生产的激励机制研究 [D]. 哈尔滨：东北师范大学，2011.

[77] 马传栋. 建立健全吸引农村剩余劳动力参与生态建设的激励机制 [J]. 林业经济，2001，(7):20-25.

[78] 段翔，张琳. 论环境友好型村镇建设中公众参与机制的建立 [J]. 山西建筑，2014，40(1):242-245.

[79] 孙庆国，翟印礼. 论农村公共基础设施投融资渠道发展战略——以辽宁省农村公共基础设施投融资情况为例 [J]. 农业经济，2009，(5):11-13.DOI:10.3969/j.issn.1001-6139.2009.05.005.

[80] 陶爱民. 绿色建筑推广的政策激励机制设计 [J]. 浙江建筑，2014，31(9):41-45.DOI:10.3969/j.issn.1008-3707.2015.09.010.

[81] 杨杰，李洪砚，杨丽，等. 面向绿色建筑推广的政府经济激励机制研究 [J]. 山东建筑大学学报，2013，28(4):298-302，317.

[82] 东辽县新农村建设办公室. 强化组织发动完善激励机制扎实推动农村环境综合整治工作 [J]. 吉林农业，2013，(2):32-33.DOI:10.3969/j.issn.1674-0432.2013.02.027.

[83] 李斌，张锦华，赵晓雷，等. 上海城乡基础设施一体化融资政策研究 [J]. 科学发展，2015，(12):85-93.DOI:10.3969/j.issn.1674-6171.2015.12.012.

[84] 李叔君. 社区生态文化建设的参与机制探析 [J]. 中共福建省委党校学报，2011，(5):65-70.DOI:10.3969/j.issn.1008-4088.2011.05.012.

[85] 刘经纬，林美群 . 试论完善生态建设中的国家补偿机制 [J]. 科教导刊，2013，(12):29，49.DOI:10.3969/j.issn.1674-6813.2013.12.019.

[86] 彭清辉 . 我国基础设施投融资研究 [D]. 长沙：湖南大学，2011.DOI:10.7666/d.y1908859.

[87] 王耀辉 . 基础设施建设 BT 投融资运行模式研究 [D]. 西安：长安大学，2009.DOI:10.7666/d.y1528889.

[88] 刘家伟 . 我国农村基础设施投融资模式研究 [J]. 中央财经大学学报，2006，(5):52-56，67.DOI:10.3969/j.issn.1000-1549.2006.05.010.

[89] 彭兴 . 国内外城镇基础设施投融资模式及其借鉴 [J]. 科技视界，2014，(23):17-17，9.DOI:10.3969/j.issn.2095-2457.2015.23.009.

[90] 王秀云 . 中外基础设施投融资体制改革比较研究 [J]. 中国城市经济，2009，(8):76-83.

[91] 唐正彬 . 我国生态农村建设的法律保障机制研究 [C]//2009 年全国环境资源法学研讨会论文集 .2009:596-599.

[92] 李秀彬，郝海广，冉圣宏，等 . 中国生态保护和建设的机制转型及科技需求 [J]. 生态学报，2010，30(12):3340-3345.

[93] Lise Prefontaine, Line Ricard, Helene Sicotte, et a1．Working paper of CEFRIO: New Models of Collaboration for Public Service Delivery [EB/OL].(2014-11-20).http：//www.Google.com.

[94] Grimsey D, Lewis M K. Evaluating the risks of public private partnerships for infrastructure projects[J]. International Journal of Project Management, 2002, 20(2)：107-118.

[95] Li Bing, Akintoye A, Edwards P, et a1．The allocation of risk in PPP/PFI construction projects in the UK[J]．International Journal of Project Management, 2005, 23(1)：25-35.

[96] Steil Benn. Debt and systemic risk: the contribution of fiscal and monetary policy. CATO Journal. Spring/Summer, 2010, 30(2).